图说中国古代的科学发明发现丛书

本丛书获得中国科协科普创作与传播试点活动项目经费资助

本丛书列入中国科协推荐系列科普图书

本书获得武汉市科学技术协会2017年度武汉市"百万市民学科学——'江城科普读库'资助出版图书"经费资助

指南针的历史

「修订本」

History of Compass

主　编 —— 东方暨白

副主编 —— 曹　锋　李文丽　杨　蕊

向　清　田彩玲　王海荣

河南大学出版社
HENAN UNIVERSITY PRESS

·郑州·

图书在版编目（CIP）数据

指南针的历史 / 东方暨白主编. — 修订本. — 郑州：河南大学出版社，2014.5（2019.9重印）

（图说中国古代的科学发明发现丛书）

ISBN 978-7-5649-1562-9

Ⅰ．①指… Ⅱ．①东… Ⅲ．①指南针 — 技术史 — 中国— 图解

Ⅳ．①TH75-092

中国版本图书馆CIP数据核字（2014）第111152号

责任编辑　阮林要

责任校对　文　博

整体设计　张雪娇

出版发行　河南大学出版社

地　　址　郑州市郑东新区商务外环中华大厦2401号

邮　　编　450046

电　　话　0371-86059750　0371-86059701（营销部）

网　　址　www.hupress.com

排　　版　书尚坊设计工作室

印　　刷　郑州新海岸电脑彩色制印有限公司

版　　次　2014年7月第1版

印　　次　2019年9月第4次印刷

开　　本　787mm×1092mm 1/16

印　　张　14.25

字　　数　205千字

定　　价　69.00元

（本书如有印装质量问题，请与河南大学出版社营销部联系调换）

序

杨叔子院士

科学技术是第一生产力，而人是生产力中具有决定性的因素，人才大计又以教育为本。所以，当今世界国力竞争的焦点是科技，科技竞争的关键是人才，人才竞争的基础是教育。显然，科普教育，特别是对青少年的科普教育，具有特殊的战略作用。

《图说中国古代的科学发明发现丛书》是一套颇具特色的科普读物，它不仅集知识性、文学性、趣味性、创新性于一体，而且没有落入市面上一些类似读物用语的艰涩难懂之中，而是以叙述故事为主线、以生动图解为辅线来普及中国古代的科学知识，既能使广大青少年读者在一种轻松、愉悦的阅读氛围中汲取知识的养分，又能使他们获得精神上的充实和快乐，更能让他们自然而然地受到中华文化的熏陶。

中国文明五千年，她所积淀的文化与知识这一巨大的财富已为世人所公认。其中，尤为显著的"中国古代四大发明"更为中华文明史增添了亮色。一般的说法是英国汉学家李约瑟最早提出了中国古代的四大发明，即造纸术、印刷术、火药和指南针。它们的出现促进了中国古代社会的政治、经济、文化的发展，同时，这些发明经由多种途径传播到世界各地，对世界文明的发展也提供了相当多的"正能量"，乃至发挥了关键的作用。

民族文化是国人的精神家园。北宋时期的学者张载曾把中华文化精神概括为"为天地立心，为生民立命，为往圣继绝学，为万世开太平"，而这套丛书所要承担的更实际的使命则在于"为往圣继绝学"。四大文明古国中唯一延续至今的只有中国，中国的奇迹在今天的世界舞台上仍然频繁上演，中国元素也逐渐成为了受人瞩目的焦点。然而，如何实现"中国制造向中国创造"的历史转变，如何落实"古为今用，洋为中用"的理念，是我们文化工作者所肩负的一个重担，更是一种神圣的责任。作为教育工作者，我们更应该认识到中国想要实现真正意义上的复兴，就必然要实现文化上的复兴、教育上的复兴和科学上的复兴……

嫦娥奔月、爆竹冲天、火箭升空、"嫦娥"登月携"玉兔"……中华民族延续着一个又一个令人瞩目的飞天梦、中国梦。中华文化这种"齐聚一堂，群星灿烂"的特质使得我们脚下的路越走越宽，也使得我们前行的步伐越走越稳。神十女航天员王亚平北京时间2013年6月20日上午10点在太空给地面的中学生讲课，更是点亮了无数中小学生的智慧之梦、飞天之梦，同时也开启了无数孩子所憧憬的中国梦。

少年造梦需要的不仅是理想与热情，更需要知识的积累与历史文化的沉淀。青少年科普教育是素质教育的重要载体。同时，普及科学知识可以为青少年树立科学的世界观、积极的人生观和正确的价值观，提升青少年的科学素质，丰富青少年的精神生活，并逐步提高青少年学习与运用科技知识的能力。青少年是肩负祖国未来建设的中坚力量和主力军，他们的成人成才关乎中国梦的实现。毫无疑问，提升青少年的科学素质与精神境界，对于培养他们的综合能力、实现其全面发展，对于提高国家自主创新能力、建设创新型国家、促进经济社会全面协调可持续地发展，都具有十分重要的前瞻性意义。何况，普及科学知识、倡导文明健康的生活方式是促进青少年健康成长的根本保证之一。

近一年多来，习近平同志一系列有关民族文化的讲话、一系列有关科技创新的指示更让我们清楚地看到，中华文化是我们民族的精神支柱，是我们赖以生存、发展和创新的源源不断的智慧源泉。所以，我们应通过多种渠道、多种路径、多种方式使传统文化与时俱进地为今所用。《图说中国古代的科学发明发现丛书》把我国古代劳动人民众多的发明和发现全景式、多方位展现在青少年眼前，从根本上摆脱了传统的"填鸭式""说教式"的传授知识的模式，以让青少年"快乐学习、快乐成长"为出发点，从而达到"授之以渔"的教育目的。衷心希望这类创新性的科普读物，能够开发他们的智力，拓展他们的思维，提高他们观察事物、了解社会、分析问题的能力，并能让他们在一种轻松和谐的学习氛围中领悟到中华文化知识的博大精深，为发展其健康个性与成长为祖国栋梁打下坚实的文化基础。

苏轼在著名的《前赤壁赋》中最后写道："相与枕藉乎舟中，不知东方之既白。"我看完本套丛书首本后，知道东方暨白了。谢谢东方暨白及其团队写了这套有特色的科普丛书。当然，"嘤其鸣矣，求其友声"。金无足赤，书无完书，我与作者一样，期待同行与读者对本套丛书中不足、不妥乃至错误之处提出批评与指正。

谨以为序。

中国科学院院士

华中科技大学教授

前　言

华中科技大学中华科技园"指南针"雕塑

公元前5世纪，世界上最早的指南针——"司南"在中国应运而生。自此，指南针以其迅雷不及掩耳之势的速度改进发展，渗透到古人生活的方方面面。

大约于公元9世纪，古人已经开始利用指南针陆上测量，阴阳学家用其看风水，官府用其丈量土地、判决土地诉讼；到了公元10世纪的北宋时期，指南针被应用于海上导航；约在公元12世纪，指南针经由阿拉伯人传到了欧洲，哥伦布发现美洲新大陆，麦哲伦实现环球航行，新生的资产阶级因此打开了世界市场并建立起大片的殖民地，改变了这些地区的历史面貌，仅凭这点，指南针就功不可没。近年来，卫星导航系统覆盖了全球，导航设备更是花样百出，车载导航、手机导航、手表导航不断地推陈出新，满足人们多样的生活需求。如此璀璨夺目的一颗明星，到底是何种魅力使得指南针能够跻身于中国古代四大发明之列，在世界科学发明史中占有无法替代的席位，并历经时间的考验而不衰呢？

指南针的发展伴随着历史的偶然因素与无情嘲弄拉开了序幕：什么是指南车？"汤勺"里隐藏了哪些奥秘？磁又是怎样被发现的呢？为什么指南针诞生在中国而轰轰烈烈的业绩却在外国呢？……历史已经沉淀了，在我们今天看来，这看似波澜不惊的历史中，实则是暗流涌动，国家利益、民族个性、人类存亡等因素纠缠交织，这些，都承载在一个小小的指南仪器中。

本书试图将指南针放在人类历史这条长河中，理清指南针的发展脉络。它采用生动鲜活的故事、栩栩如生的图画、现代化的语言表达，外加独创性的编排技巧，为广大的读者朋友们带来一场与众不同的阅读盛宴，并借助这场盛宴，希望亲爱的读者朋友们感受到作者的良苦用心，能够体会到此书中所蕴含的对社会对人性的思考。

目　录

烟笼寒水月笼沙
方向究竟在哪呀

"我不知道风是在哪一个方向吹——我是在梦中，在梦的轻波里依洄。"诗意般的"风"来自才子加俊男徐志摩，它吹醉了我们的方向感。

对于现代的我们而言，现代化的知识、科技可以使我们很轻易地辨别出方向；可是，在没有地图、没有指南针、没有GPS的古代社会，我们的祖先又是靠什么来识别方向、使自己不至于在荒野的原始森林里迷路的呢？

日出东方

太阳除了给万物提供生长所必需的光和热以外，它本身就是一个天然的"指南针"。依据"东升西落"的自然规律，我们便可粗略地判断出自己的方位。对现代人而言，太阳的指向功能早已弱化，被GPS、地图等先进仪器武装的我们不必借助于太阳就可以准确定位。科技把我们从大自然的束缚中解放出来，但也使我们丧失了对自然万物应有的敬畏。

羲和驱日

在西方古希腊神话故事中，太阳神——阿波罗是一个强壮健美的男子。在我国古代的神话体系中，也有一位太阳神，不过她是一位慈祥的母亲，名叫羲和。

传说羲和是帝俊的妻子，与帝俊生了10个太阳。她常在东南海外的甘渊用清凉甘美的泉水替它们洗澡，然后让它们一个一个轮班出去值勤，把光和热带

帝俊和羲和

"帝俊"这一古帝名号只见于《山海经》。"帝俊"一词字面上的意思是"位于金字塔顶端的古帝"，"帝俊"就是伏羲。在炎黄世系排列中，炎帝属于五行之火，位列第二；黄帝属于五行之土，列第三。那么，位列第一的古帝就是东方木帝伏羲。

帝俊有三位妻子：羲和、常羲和娥皇。这三位妻子之中，前两位尤其伟大：羲和"生十日"（《山海经·大荒南经》），常羲"生月十有二"（《山海经·大荒西经》）。这两位了不起的女神分别生下了10个太阳和12个月亮，帝俊及其妻子羲和、常羲便是我国上古时代的日月之神。

羲和浴日

羲和主日与常羲主月

到人间。每天她都要驾驭着一辆由六条蛟龙拉着的车子，载着一个儿子由东向西运行。于是，产生了太阳东升西落的自然现象。

而现代科学告诉我们，太阳东升西落乃是自然规律，是不以人的意志为转移的：在北半球，夏半年太阳从东北方升起，在西北方落下；冬半年太阳从东南方升起，在西南方落下。只有春秋分日，在全球各地，太阳才是正东升起。我们可依据这一原理来判断我们所处的大致方位。

"立竿"不止"见影"

成语"立竿见影"是指在阳光下竖起一根竿子，立刻就可以看到影子，后用来比喻使用某事物可以立刻见效。但是，从科学的角度而言，"立竿"见到的不止是"影子"哦！

在一块平地上，竖立一根长1m以上的直木棍，使其与地面垂直，把一块石子（或做一标记）放在木棍影子的顶点A处；约10~15分钟后，由于太阳由东向西移，木棍的影子便由西向东移，影子的顶点移动到B处时再放一块石子（或做一B标

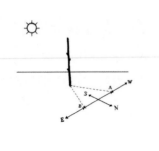

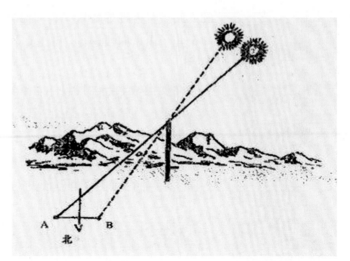

记），将A、B两点连成一条直线，这条直线的指向就是东西方向，新的投影位置B处就是西，与AB线垂直的方向则是南北方向，向太阳的一端是南方，相反方向是北方。插竿越高、越细、越垂直于地面，影子移动的距离越长，测出的方向就越准。特别是中午12点前后。如11点半和12点半这两个时间的影子长度几乎相等，顶点的连线刚好指向东西方向，连线的垂直线也能较准确地指出南北方向。这样，通过一根简单的木棍，你就可以准确地判断出你的方位了。这种方法多用于野外活动，既方便又可靠。

手表可以判定方位

生活中，你知不知道手表也可以帮助你在野外迷路时准确地判定方位呢！

首先，查看你手表上当时的时间，然后用它除以2。例如，如果当时是8点，那么除以2之后就是4；如果是11点，那么得到的数字就是5.5。

然后，用得到的数字（即手表中对应的数字）

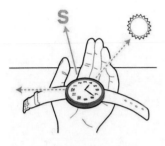

用手表判断方向的方法

对准当时太阳的方向，那么此时手表上12点所对应的方向就是"北"。例如，如果除以2之后得到的数字是4，就用手表上4的位置对准当时太阳的方向，那么此时12点位置所对应的就是北方；如果得到的数字是5.5，就将手表上5与6的中间位置对准当时太阳的方向，那么此时12点位置对应的也是北方。

最后，对着北方，按照"前北、后南、左西、右东"的规律，即可判断出各个方向。这样，即使手机没电，你也可以迅速地判断出方向。

要是你在野外迷了路

但如果当时你也没戴手表，那该怎么办呢？九零后（零零后或许还有她们的父母八零后）的同学们，还记得你们在小学二年级学的一篇像童话小诗一样的课文——《要是你在野外迷了路》了吗？想起来了吧！也许当时老师还要求你们背诵过呢？是不是跟你的同桌背对背地互相检验过背诵的效果呢？那么，现在让我们重新来找一下当年的感觉，重新来温习一下这首童话小诗，好吗？

bēi jí xīng shì zhǎn zhǐ lù dēng
北 极 星 是 盏 指 路 灯，
tā yǒng yuǎn gāo guà zài bēi fāng
它 永 远 高 挂 在 北 方。
yào shi nǐ néng rèn chū tā
要 是 你 能 认 出 它，
jiù bú huì zài hēi yè lǐ luàn chuǎng
就 不 会 在 黑 夜 里 乱 闯。

yào shi pèng shàng yīn yǔ tiān
要 是 碰 上 阴 雨 天，
dà shù yě huì lái bāng máng
大 树 也 会 来 帮 忙，
zhī yè chóu de yí miàn shì nán fāng
枝 叶 稠 的 一 面 是 南 方，
zhī yè xī de yí miàn shì bēi fāng
枝 叶 稀 的 一 面 是 北 方。

"要是你在野外迷了路，
可千万别慌张，
大自然有很多天然的指南针，
会告诉你准确的方向。
……

仙女指路

水调歌头

宋 苏轼

丙辰中秋，欢饮达旦，大醉，作此篇，兼怀子由

明月几时有，把酒问青天。不知天上宫阙，今夕是何年。我欲乘风归去，又恐琼楼玉宇，高处不胜寒。起舞弄清影，何似在人间。

转朱阁，低绮户，照无眠。不应有恨，何事长向别时圆？人有悲欢离合，月有阴晴圆缺，此事古难全。但愿人长久，千里共婵娟。

聊完太阳，咱们再来聊聊月亮。提起月亮，大家自然会联系到嫦娥，这位因偷吃灵药而飞上广寒宫的仙女，古往今来，围绕着她，凡世间不知演绎出多少动人的神话传说。当日落时分黑暗笼罩世界时，你不妨抬头看看月亮，嫦娥仙子会为你指明回家的路。

明月几时有

"明月几时有，把酒问青天。"千百年前，苏东坡的这一疑问仍然在我们耳边回荡。

其实，月亮的起落也是有规律的。月亮升起的时间每天都比前一天晚48~50分钟。例如，农历十五的18点月亮从东方升起。到了当月农历二十，就会迟升4小时左右，约于22点于东方天空出现。月亮"圆缺"的月相变化也是有规律的。农历十五以前，月亮的亮部在右边；十五以后，月亮的亮部在左边。上半个月为"上弦月"，月中称为"圆月"，下半月称为"下弦

月"。每个月，月亮都是按上述两个规律升落的。掌握了这两个规律，我们就不必担心在夜晚迷路了。

阴晴圆缺

鲁迅先生曾经说过：一部《红楼梦》，经学家看

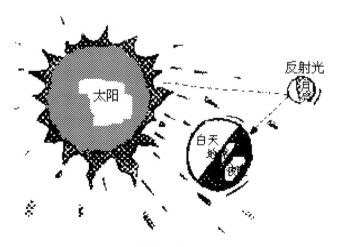

月亮反射太阳

月球的诞生为地球增加了很多的新事物，比如潮汐。月球绕着地球公转的同时，其特殊引力吸引着地球上的水同其共同运动，形成了潮汐。潮汐为地球上早期水生生物走向陆地提供了帮助。而且，很久很久以前，地球上昼夜温差较大，温度在水的沸点与凝点之间，不宜人类居住，然而月球对地球海水的引力减慢了地球自转与公转的速度，使地球自转和公转的周期趋向合理，减小了温差，从而适宜人类居住。

见《易》，道学家看见淫，才子看见缠绵，革命家看见排满，流言家看见宫闱秘事。那么，同样是月亮阴晴圆缺的变化，诗人们看见了"人有旦夕祸福"的世事沧桑与无奈，而我们则看出了其辨识方向的快捷方法。

我们都知道，月亮自身并不发光，它反射太阳光，才得以在夜空中摇曳生姿。当月亮以28天多一些的周期沿地球公转时，由于相对位置不同，从地球上看去，月亮的形状才会有了圆缺之变。如果月亮与太阳位于地球的同一侧时，会看不见月光，称之为"新月"；然后随着逆时针的公转，逐渐反射太阳光，月亮渐圆变满。满月与太阳分别位于地球的两边，这时月亮看上去又大又圆，接下来又逐渐变亏，周而复始。这可用来确定方向。如果月亮在太阳之前升起，被照亮的一面处于西方；如果月亮升起于太阳之后，

"发光"的一面位于东方。这种方法看上去简单明了，但适用性不太强，毕竟人们不是每天晚上都可以看到月亮，偶尔它也会"翘翘课"的！不过，这个可不能怪它噢，理由大家都懂得的。

西升东降

月亮借助太阳来发光，却并不怎么听太阳的话，甚至还会"耍小脾气"，偏偏与太阳逆着干，比如说太阳东升西降，它就要西升东降，不肯遂太阳的意。不过，也正因为它的"小脾气"，我们才能在黑暗中辨认出东南西北，如此看来，月亮也算是将功补过了。

月亮从东转到西大约需要12小时，平均每小时约转转15°。掌握了这一规律，再结合当时的月相、位置和观测时间，就可以大致判定方向。例如，晚上10点，看见夜空的月亮是右半边亮，便可判明是上弦月，太阳落山是6点，月亮位于正南；此时，$10-6=4$，即已经过去了4小时，月亮在此期间转动了$15° \times 4=60°$。因此，将此时月亮的位置向左（东）偏转60°即为正南方。

这种方法计算较多，步骤较为繁琐，要求你要有准确的计算能力、足够的天文学知识，以及面对突发状况时冷静的头脑，否则，或许连最基本的运算都会出问题。因此，运用这种方法表现自己的时候，一定要多注意，因为一不小心你的"要酷"就会变成"要人"，丢脸事小，要是白白跑了几十里的路程，丢的可就不只是脸了。

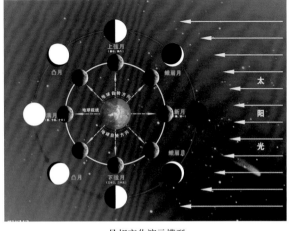

月相变化演示模型

星系

星之所在

北斗七星

天上除了火红的太阳和皎洁的月亮以外，更多的是那些多得你数都数不过来的星星了。"星星点灯，照亮我的家门，让迷失的孩子找到来时的路"，伴随着温暖的歌声，跟随着心灵的感觉，让星星为你照亮前行的路。星之所在，即方向之所在。

闪耀的"帝星"

所谓"帝星"，就是我们俗称的"北极星"。我国位于北半球，观看天空时北天区域各星在地平线以上。北天区恒星的周日运动中，只有北极星位于天球的北天极，其他星星都围绕着它旋转，因此北极星就荣获了"帝星"或"北辰"的尊称，被古人赋予至高无上的地位。

夜晚由于北极星位于正北方向的天空，在月暗星明的夜空下，我们总会找到形状像勺子的北斗星座（大熊星座）或"W"星（仙女星座），沿着其"勺柄"，向勺子开口方向延伸约5倍的距离处有一颗较暗的星，便是北极星。北极星所在的垂直下方地面就是正北方，顺时针即是东、南、西方。正像我们前面提到的那首题

《论语·为政》篇中，孔子说："为政以德，譬如北辰，居其所而众星拱之。"意思是说，（周君）以道德教化来治理政事，就会像北极星那样，自己居于一定的方位，而群星都会环绕在它的周围。

为《要是你在野外迷了路》小诗中吟唱的那样"北极星是盏指路灯，它永远高挂在北方。要是你能认出它，就不会在黑夜里乱闯"。

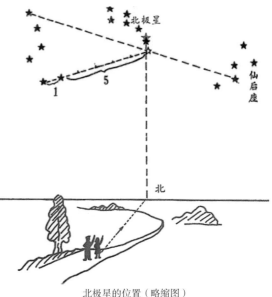

北极星的位置（略缩图）

被缚的"仙女"

　　这个仙女可不是我们熟知的嫦娥哦，她来自遥远的西方，是从古希腊的神话中走出来的人物——安德罗梅达。因为双手被缚，故得此称。

　　仙女座是希腊神话中仙后卡西奥佩娅的女儿，仙女的头为壁宿二，是飞马座四边形的其中一只角。在希腊神话中，安德罗梅达是埃塞俄比亚国王克甫斯和王后卡西奥佩娅的女儿，其母因不断炫耀自己的美丽而得罪了海神波塞冬之妻安菲特里忒，安菲特里忒要波塞冬替她报仇，波塞冬遂派鲸鱼座蹂躏埃塞俄比亚，克甫斯国王大骇，请求神谕的帮助，神谕揭示解救的唯一方法是献上他们的爱女。

　　克甫斯国王万般无奈，只得将安德罗梅达用铁索锁在鲸鱼座所代表的海怪经过路上的一块巨石上，正巧英雄珀耳修斯路过此地瞥见这一悲剧，于是立刻拿出蛇发魔女美杜莎的人头，将鲸鱼座石化，并杀死了海怪，解救出了她。

　　后来安德罗梅达替珀耳修斯生下6个儿子，包括波斯的建国者珀耳塞斯，以及斯巴达王廷达柔斯的父亲Gorgophonte。在原版波德星图（Uranographia）中，仙女座双手是被铁链缚着的。

　　仙女座本身并不指示方向，但是我们可以通过它来找到北极星。因为北极星是一颗二等星，本身并不是很亮，肉眼并不容易察觉，所以才借助北斗七星和仙女座来寻找。仙女座的形状像字母"W"，也围绕北极星转，它位于北极星的另一边，距离几乎与北斗星相同。在秋、冬季，北斗七星模糊不分明时，找到仙女

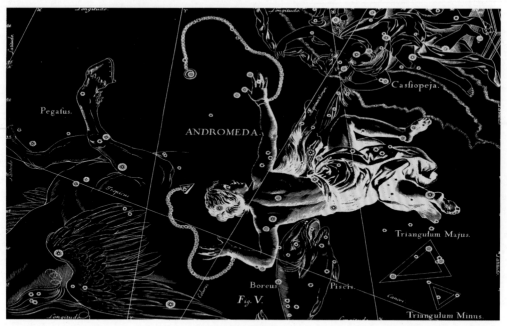

仙女座

座对于确定北极星的位置会大有帮助，因为仙女座中央那颗星几乎直指着北极。

悲情的"猎户"

猎户座是整个夜空中最壮丽也是最著名的星座，全世界的人们几乎在任何地方都能看到它那些分布在天赤道上空耀眼的星座。形如猎人俄里翁站在波江座的河岸，身旁有他的两头猎犬——大犬座和小犬座，与他一起追逐着金牛座。一些其他的猎物如天兔座都在他的附近。

猎户星座主体由四颗亮星组成一个大四边形，像字母X的四个角，中间三颗星等距离排成直线，这是最亮的七颗星，其中有两颗一等、五颗二等，还有一些小的星星。希腊神话中它是一个猎户，而中间的三颗星则是猎人腰挂的宝刀。在一个星座集中了这么多亮

壁宿二：是仙女座中最亮的一颗恒星，英文名称Alpheratz，意思是"连在一起的人头"。在古代星图上，这颗星恰好在公主安杜路墨达的头部，它是飞马座和仙女座所共有，称为飞马座δ，1928年后才划归仙女座。

神谕（英语：Oracle），一种占卜的形式，经过某个中介者，传达神明的意旨，对未来做出预言，回答询问。中国的降乩、扶鸾，或者掷杯、求签也是神谕的形式。在古希腊，最著名的神谕是德尔斐神谕。

星，而排列得又如此规则、壮丽，难怪古往今来，在世界各个国家，它都是力量、强大、成功的象征，人们总是把它比作神、勇士、英雄和超人。找到猎户座以后，你就可以确定自己的方位了，因为猎户座总是沿赤道上空升起，不论观察者所处的纬度，它几乎是沿着正南方升起，再沿着正北方落下。

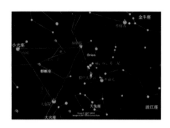

三星高照，新年来到

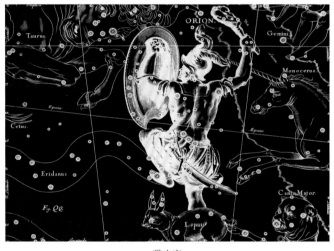

猎户座

冬季是一年之中亮星最多的季节，星空中最漂亮的也是最大最好认的星座就是高悬于南天的猎户座了，其两端各有一颗一等星——红色亮星参宿四（猎户座α）和白色亮星参宿七（猎户座β），夹在中间的是几乎排成一条直线的亮度相同的三颗星（猎户座δ、ε、ζ，参宿一、参宿二、参宿三），在中国古代28星宿里，它被称作参宿，中间的三颗星就是民间传说里的福、禄、寿三星，象征着幸福、富禄、长寿。到了农历年底正高挂在南天上，民谚有"三星高照，新年来到"。

　　西方的"牛郎织女"：之所以称猎户座悲情，是因为他和月神阿尔忒弥斯的故事类似于中国的牛郎织女。猎户奥赖斯是海神波塞冬的儿子，从小勇猛异常。后来，奥赖斯与狩猎女神阿尔忒弥斯相爱了，不过这却使阿尔忒弥斯的哥哥、太阳神阿波罗很生气。一天，奥赖斯准备上岸去捕猎。他的全身都浸在水里，只有头部露出水面。阿波罗和阿尔忒弥斯"正巧"从海面上飞过，阿波罗故意提出要和阿尔忒弥斯比射箭。于是，阿波罗就指着一个"小黑点"说："你射它吧。"阿波罗知道妹妹的眼力不如他，根本看不出来那个"小黑点"是什么。阿尔忒弥斯毫不犹豫，一箭正中小黑点，结果却是自己最心爱的人——奥赖斯！她一下子昏倒了。天神宙斯感于此，把他升到天上化作猎户座。生前不能常相守，死后，他总算和自己的心上人——月神阿尔忒弥斯永远在一起了。

万物助人

人类根据蝙蝠的定位方法发明了雷达，根据锯齿状的草发明了锯子，根据鱼的潜游发明了潜艇。依照天地法则自由运转的万物，是否真的像我们看到的那么简单？大自然的万事万物都隐含着智慧的玄机，让我们一起来看一下大自然在辨别方向上对我们有哪些启发……

"冠"指南北

还是让我们回到前面提到的小学课本里的那首题为《要是你在野外迷了路》的小诗吧！诗中吟道："要是碰上阴雨天，大树也会来帮忙。枝叶稠的一面是南方，枝叶稀的一面是北方。"

何以见得呢？有意思的是，我们在当时读的小学语文课本第5册里，有一篇写给孩子们看的题为《院子里的悄悄话》的童话故事里找到了答案。

在一个微风吹拂、星空晴朗的夜晚，院子里一棵树龄长达150岁的老槐树与一棵像所有聪明的孩子那样爱提问题的小槐树讲起了悄悄话。

小槐树问："您的头发为什么南面多北面少呢？"

老槐树笑笑说："这是因为南面见阳光多，枝叶就长得茂盛；北面见阳光少，枝叶也就稀少。所以，人们在野外迷失方向的时候，一看我们的头，就知道哪是南，哪是北了。孩子，人们把我们的头叫树冠，你知道吗？"

小槐树点点头："我知道。真有意思，这简直是个指南针了。"

因此，独立的大树通常南面枝叶茂盛，树皮光滑；北面树枝叶稀疏，树皮粗糙。这样，凭借树冠的样式我们就可以很容易地判断方向了。

"皱纹" 识向

"人过留名，雁过留声。"岁月的流逝总会留下一些痕迹，老人们额头上长出了深深的皱纹，树木也是如此。不过，树木的"皱纹"不似人类那么明显，而是长在内部，形成独特的一层层的圆圈——年轮。树木长一岁，就自动地在内部画上一个圈；再长一岁，就在原来的圈外再画一个圈。但你知道吗？年轮不仅记录了树木的年龄，而且还是帮助人们在野外识别方向的好工具。

"因为年轮也是个准确的指南针，年轮稀疏的一面是南，年轮密集的一面是北。"（《院子里的悄悄

年轮

年轮是如何形成的？

春回大地，万象更新，紧挨着树皮里面的细胞开始分裂；分裂后的细胞大而壁厚，颜色鲜嫩，科学家称之为早期木；以后细胞生长减慢，壁更厚，体积缩小，颜色变深，这被称为后期木，树干里的深色年轮就是由后期木形成的。在这以后，树又进入冬季休眠时期，周而复始，循环不已。这样，许多种树的主干里便生成一圈又一圈深浅相间的环，每一环就是一年增长的部分。

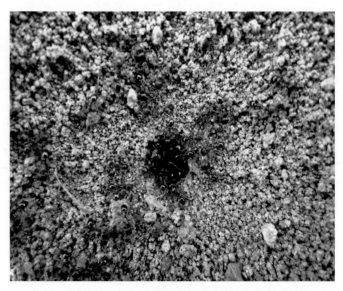

蚁窝筑南

小提示：其他利用地物辨方向的方法

1. 沟渠、土堆和建筑物等，北面积雪多融化慢，而土坑等凹陷地方则相反。

2. 中国北方较大的庙宇，宝塔的正门和农村独立的房屋的门窗多向南开放。伊斯兰教的清真寺的门则朝向东方（礼拜者面向西方）。草原上蒙古包的门多向南开放。

3. 在岩石众多的地方，你也可以找一块醒目的岩石来观察，岩石上布满青苔的一面是北侧，干燥光秃的一面为南侧。

4. 秋季果树朝南的一面枝叶茂密结果多，以苹果、红枣、柿子、山楂、荔枝、柑桔等最为明显。果实在成熟时，朝南的一面先染色。

5. 我国北方的山岳、丘陵地带，茂密的乔木林多生长在阴坡，而灌木林多生长在阳坡。这是由于阴坡土壤的水分蒸发慢，水土保持好，所以植被恢复比阳坡快，易形成森林。另就树木的习性来讲，冷杉、云杉等在北坡生长得好，而马尾松、华山松、桦树、杨树等就多生长于南坡。

话》）一般来说，树木背阴的一面（北面）因为阳光不够充足，生长较为缓慢容易长出青苔，因此年轮相隔的距离比较密集，不如南侧的年轮来得稀疏。北半球太阳都偏南，所以较宽的一面朝向南方，较窄的一面朝向北方。

蚁窝筑南

树林中不仅有植物，也有动物。我们的祖先还发现了利用蚂蚁的洞穴来辨别方向。蚂蚁有把窝筑在树干和灌木南面的习性，树干上和灌木中有蚂蚁窝的一边就是南方，另一边就是北方。利用这个方法非常容易就可以识别方向，而且不会受到白天、黑夜的影响。

一"坡"之现

静默不语、沉稳不动的山坡也是天然的指南仪器哦！受到日照的影响，山坡南面的草木生长得较旺盛，秋天的时候南面的草木也枯萎较快。秋季里山坡南边的树木果实结得比较多，而长在石头上的青苔喜

阴湿，因此山坡北面的青苔比较旺盛。冬天的时候，
山坡上的积雪总是南边的比北边的先融化。这些山坡
上的景色都是我们的祖先辨别方向的好方式。

　　树木、蚁窝和山坡本是自然中最常见的事物，你
可知道它们之中竟包含着这么多的知识！岂不知人世间
还有多少未知的知识等待着我们去挖掘呢！？正像那
篇《要是你在野外迷了路》的课文里最后所说的那样，
"要是你在野外迷了路，可千万别慌张，大自然有很多
天然的指南针，需要你细细观察，多多去想"。
　　"苹果是盏指路灯，它高挂在大树上。苹果红的
一面是南方，绿的一面是北方。""竹子又大又高，
它的颜色来告诉我们，青色的一面是南边，黄色的一
面是北边。大雁是个忠实的向导，它在天上给你指点
方向，冬天到了它会飞向南方，夏天到了它会飞向北
方。"选自（仿写《要是你在野外迷了路》）

孩童不识真与假
但坐闲谈听神话

　　"月亮在白莲花般的云朵里穿行，晚风吹来一阵阵快乐的歌声，我们坐在高高的谷堆旁边，听妈妈讲那过去的事情。"朋友们小时候一定都听过妈妈讲的很多传说故事，像大禹治水、女娲补天、夸父逐日……那指南车的神话故事你有没有听说过呢？其实，指南车的诞生不是一些枯燥的数字游戏，而是伴随着五彩斑斓的神话故事，这显示出我们祖先聪明的才智和丰富的想象力！

黄帝，被尊为中华民族的始祖之一。今天天下的华人自称是"炎黄子孙"，其中"黄"即是指的其人。相传公元前2700年中国的轩辕黄帝部落大战蚩尤部落，黄帝使用了指南车，在大雾中辨别了方向，才打败了蚩尤。

黄帝酷车胜蚩尤

三皇五帝，炎黄最著

自从盘古开天辟地，他的后裔诸神，即最初的三皇及后来的五氏完成了创世需要的任务后，都归于神籍，所以，后代人把原始社会中后期出现的许多为人类作出卓越贡献的部落或首领称之为"三皇五帝"。

"三皇五帝"到底指的是哪三皇、哪五帝，至今学术界仍没有定论。不过大部分学者认为，伏羲、神农、黄帝是最接近传说时代黄帝王朝的中国最古的三位帝王。"五帝"则以《史记·五帝本纪》的说法为准，包括黄帝(轩辕)、青帝(伏羲)、赤帝（又叫炎帝、神农)、白帝 (少昊)、黑帝(颛顼)。发明指南车的神话传说就与五帝之一的轩辕黄帝有关。

元末，江湖盛传，"武林至尊，宝刀屠龙，号令天下，莫敢不从，倚天不出，谁与争锋"。由此引发了江湖武林高手们对屠龙刀与倚天剑的争夺。（参见金庸《倚天屠龙记》）

酷车一出，谁与争峰

追溯到5000多年前血肉相搏的远古战场，指南车曾在这些战争中发挥了巨大的威力，真可谓"酷车一出，谁与争锋"。

公元前2000多年，黄帝还没有统一各个部落。在北部，还有姜姓的种族与他相抗衡。姜姓种族的首领叫作炎帝。一次，黄帝部落与炎帝部落发生冲突，黄帝赢了，炎帝归降，但是炎帝部落中的一个支系——九黎族不肯投降。九黎族一共有81个兄弟族，每族各有一个首领，其中最大的首领叫作蚩尤。

为了争夺统治权，黄帝和蚩尤苦战了三年，交锋了72次，双方都未能取得完全的胜利。有一次，蚩尤

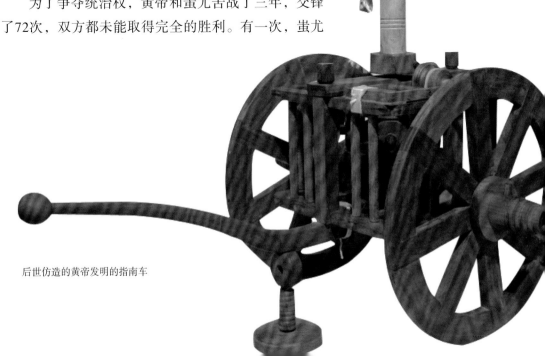

后世仿造的黄帝发明的指南车

黄帝战蚩尤

即将失败的时候，他紧急请来了风伯雨师，呼风唤雨，给黄帝军队的进攻造成了困难。黄帝也急忙请来天上一位名叫旱魃的女神施展法术，制止了风雨，军队才得以继续前进。

但诡计多端的蚩尤还不死心，他又放出大雾，霎时四野弥漫，使黄帝的军队迷失前进的方向。黄帝很着急，便叫来众大臣商议对策。一个名叫风后的大臣造出了一个能指引方向的仪器。风后把它安装在战车上，又在顶端放置了一个小假人，小假人伸出一只手指向南方。风后对全军的将士们说：打仗时一旦被大雾迷住，只要看一下车上的假人指向的方向，马上就可辨认出东南西北。这样，凭借着指南车，黄帝终于打败了九黎族，杀死了蚩尤，一统华夏。

于是，后世传说黄帝发明了指南车。其实，历史上是否真有这件事姑且不论，即便是真有其事，指南车的发明权也不应该冠名在黄帝的头上，而应该是他的大臣风后吧！

发明众多，御龙归天

相传黄帝出生几十天后就能够开口说话，少年时思维敏捷，青年时敦厚能干，成年后聪明坚毅，后取代炎帝，成为天下共主。因他具有土德之瑞，故被称作"黄帝"。黄帝是一位十分贤明的帝王，不仅骁勇善战，而且善于发明创造，且不说上面所说的指南车了，就连一些舟车、历法、算术、音乐等，都是黄帝发明的。其实，我们都知道，未必如此！

黄帝在晚年发明了鼎。当第一个鼎被铸造出来时，天上突然飞下来一条龙，那条龙有着威武的眼睛和长长的、闪着银光的龙须，整个龙身透着金光，降临时好像带来万匹的金缎，笼罩了整个天空。

黄帝和大臣都很吃惊，那只龙慢慢靠近黄帝，眼神变得十分温和，忽然开口对黄帝说："天帝非常高兴看到你促使中国文明又向前迈进了一步，所以特地派遣我来带你升天去觐见天帝。"黄帝一听，点了点头，就跨上龙背，并且对群臣说："天帝要召见我了，你们多保重，再会了。""请让我们追随您去吧！"大臣们说完，就一拥而上，希望爬上龙背，随黄帝一起走。可是那只龙却摆动尾巴，把那些人都甩了下来。

金龙带着黄帝快速飞上天空，一下子就消失在云雾中了。群臣没有办法，只好眼睁睁地看着黄帝升天而去。黄帝虽然升天而去了，但他留下来的众多发明却惠及了一代又一代的炎黄子孙，黄帝真的永垂不朽了！

胡适先生早年在为俞平伯点校的《三侠五义》写的序言里，对于这种民间传说现象有一个精辟的论述，他说："历史上有许多有福之人，一个是黄帝，一个是周公，一个是包龙图。上古有许多重要的发明，后人不知道是谁发明的，只好都归到黄帝的身上，于是黄帝成了上古的大圣人。中古有许多制作，后人也不知道究竟是谁创始的，也就都归到周公的身上，于是周公成了中古的大圣人，忙不得了，忙得他'一沐三握发，一饭三吐哺'！这种有福气的人物，我曾替他们取个名字，叫作'箭垛式的人物'。就如同小说上的诸葛亮借箭时用的草人一样，本来只是一札干草，身上刺猬也似地插着许多箭，不但不伤皮肉，反可以立大功，得大名。"周公的传说且听下回分解。

黄帝御龙归天

周公礼车送使臣

"千里送鹅毛，礼轻情意重。"我们中华民族历来注重礼节，被称为礼仪之邦。不过，这里的"送礼"可不是为了满足个人私利，而是包涵着睦邻友好、维护和平的深刻内涵。周公就是这样一个人，无私地将自己的伟大发明指南车赠送给友邦使臣。

周公像

梦见周公，孔子第一

大家一定听到过这样的说法"我要去见周公了"！可你知道这句话是什么意思吗？其实，说这话的人是说"我要去睡觉了"。不过，周公为什么跟睡觉画上了等号呢？还有，周公为什么和梦有了瓜葛呢？这不能不提到我们的儒家创始人——孔子老先生了。

生活在春秋时期的孔子非常崇尚西周时周公的政绩，认为周公治下的西周社会是一个尽善尽美的社会，久而久之成了周公的铁杆粉丝，以至于常常睡梦中梦到了周公。后来孔子从政于鲁国，他便决心恢复西周的政治制度，建立一个西周式的国家。可是他的主张遭到了当政权贵的强烈反对，最后，他被迫离开鲁国，周游列国，却四处碰壁，只好又回到鲁国。此时他已经年迈体衰，叹息道：我衰老的很厉害了！很久没有再梦见周公了！（出自《论语 述而五》。原句是："子曰：'甚矣吾衰也！久矣吾不复梦见周公！'"）

由此可见，孔子的"梦"是要恢复周礼，建立秩序，建设一个他所向往的十全十美的社会。为了这个梦想，孔子穷尽一生，四处奔波游说，甚至到食不果腹的境地仍对此念念不忘。

去年直到今天，有一个颇为时髦的词汇不胫而走，那就是"中国梦"。它的发明权当然应该归功于我们尊敬的习大大了。现在，是不是该轮到我们自问

一下：我的"中国梦"是什么？我已经开始"追梦"了吗？

周公吐哺，天下归心

周公（？～公元前1105年）姓姬名旦，因其采邑在周，爵为上公，故称为周公。周文王时，他就很孝顺、仁爱，辅佐文王伐纣，封于鲁。武王时，周公没有到封国去而是留在了王朝，辅佐武王，为周安定社会、建立制度。武王崩，又佐成王摄政，而命其子伯禽代自己到鲁国受封。

周公告诫伯禽说："我是文王的儿子、武王的弟弟、成王的叔父，天下人中我的地位不算低了。但我却洗一次头要三次握起头发，吃一顿饭三次吐出正在咀嚼的食物（这就是上文胡适博士所引用的"一沐三握发，一饭三吐哺"成语"握发吐哺"的典故，出自司马迁《史记·鲁周公世家》），起来接待贤士，这

周武王在临终前愿意把王位传给有德有才的叔旦──周公，并且说这事不须占卜，可以当面决定。周公涕泣不止，不肯接受。

1972年9月20日，台湾邮政部门为尧、舜、禹、汤、文、武、周公、孔子发行邮票，名为《先圣先贤图像邮票》，其中第7枚为"周公"。

样还怕失掉天下贤人。你到鲁国之后，千万不要因有国土而骄慢于人。"

周公无微不至地关怀着年幼的成王，有一次，成王病得厉害，周公很焦急，就剪了自己的指甲沉到大河里，对河神祈祷说："今成王还不懂事，有什么错都是我的。如果要死，就让我死吧。"成王后来果然病好了。周公摄政7年后，成王已经长大成人，于是周公归政于成王。

周公一生忠心耿耿地辅佐着武王、成王，为周王朝的建立和巩固作出了重大贡献，临终时请求把他葬在成周，以明不离开成王的意思。成王心怀谦让，把他葬在毕邑，在文王墓的旁边，以示对周公的无比尊重。周公为后世为政者的典范。孔子的儒家学派，把他的人格典范作为最高典范，孔子终生倡导的就是周公的礼乐制度。

后来，曹操在他的诗中有一句"周公吐哺，天下归心"，引用的就是这个"握发吐哺"典故，说的是我曹操要仿效周公，礼待贤士，这样才能使天下人心都归向于我。

有指南车，我不怕了

周公是我国政治史、文化史上的一个极为重要的人物。他帮助周武王开创了周王朝800年的基业，从而把我国的第一个文明社会形式推向了巅峰，为我国民族融合、政治统一作出了巨大贡献。同时，他所制定的"礼乐行政"，对我国民族文化传统的形成，也具有开山的意义，至今中华民族的文化心理之中，仍涓涓流淌着西周时代那种重伦理、轻逸乐、好俭朴、乐献身的君子风度和集体精神。

据说在周公当政的时候，天下太平，远方的民族都纷纷前来朝贡，其中有一个叫作越裳氏的南方民族以前从来没有来到过黄河流域，这时也派使者带来了当地的土特产白雉（白色的野鸡），作为礼物，前来向周公朝贺。当越裳氏的使者朝贺完毕、准备回国的时候，周公恐怕他们迷失了方向，便将刚刚研制出来的一辆指南车送给他们，使者们兴趣盎然，一路高兴地唱道："有了指南车，我们不怕不怕了；梦想能成真，我们不怕不怕了。" 这样，他们才平安地回到了自己的国土。

黄帝和周公发明的指南车都没有流传下来，但给人们留下了种种美好的传说和神奇的幻想。后代的人们沿着黄帝和周公的足迹不断前行，创造出了具有中国特色的灿烂的指南车文化。接下来本书将要为您一一地介绍。

　　周军攻破殷都，进入殷王宫，杀了殷纣以后，周公手持大钺，召公手持小钺，左右夹辅武王，举行衅社之礼，向上天与殷民昭布纣之罪状。

不识指南"真"面目
只缘身在传说中

"他们说世界上没有神话/他们说感情都是虚假/他们说不要做梦/不要写诗/他们说我们都已经长大。"神话故事和科学知识的相遇,让我们的思绪凌乱一地。

被科学从神话中叫醒的指南车究竟是什么样子的呢?让我们赶快揭开罩在指南车上面的神秘面纱,跟随古人的脚步,来看看指南车的真面目,看看千百年前我们的古人是怎么运用自己的智慧,把传说变成了现实。或许,你会惊异于他们高超的创造力,而他们只会穿越时空慢慢地走出来淡淡地说:"亲,不要迷恋哥,哥只是个传说。"

科圣发明指南车

耐自强而不息兮，蹈玉阶之嵘峥！

张衡出身于东汉的名门望族，祖父张堪担任过蜀郡和渔阳太守，很会用兵打仗，曾多次率兵击败侵扰地方的匈奴军队，并且注重发展生产，是名闻当地的人物。张衡出世时，张堪早已病故，其父或为一介平民或早

张衡

故，史无记载，难以判定，仅知其家境相当清苦，所以张衡主要靠的是自学。

他自小熟读《诗经》、《书经》、《易经》、《礼记》、《春秋》等经典名著，10岁时就已经相当有学问了。当他17岁时，决心出外远游，以了解社会，寻求知识。他曾游西汉时期以都城长安为中心的京兆、左冯翊、右扶风之三辅繁华地区，再入京师，观太学，结识了扶风马融、平陵窦章和涿郡崔瑗等著名学者，学识增长很快。他所取得的科学成就，大多

"科圣"是谁？他就是才气和智慧并重、科学与艺术化身、人称"世界史中罕见的全面发展的伟人"的张衡。很难想象，一个人在天文学、文学、哲学、数学、地理学等众多学科中可以建立如此辉煌的成绩，不禁令人肃然起敬，顶礼膜拜。

河南南阳张衡博物馆内展示的张衡的科学发明一览表

河南南阳张衡博物馆的壁画

产生于这个时期。

张衡深入研究了当时天文学发展的最新成果，写下了不朽的天文学名著《灵宪》。这不仅是我国第一部重要的天文学理论著作，还提出了崭新的行星运动理论。除此之外，他首次用科学方法解释了日月食形成的原因，制造出地动仪、候风仪等仪器。张衡能取得如此瞩目的成绩，得益于他强大的自学能力。

"勉自强而不息兮，蹈玉阶之峣峥。"出自张衡的《思玄赋》，意思是只有不断勉励自己努力奋斗，才能攀登上天阶的最高峰。这也是张衡一生的真实写照吧。

南阳张衡博物馆内展示的模拟张衡发明的指南车的情形

发明指南车

东汉安帝时期，有谄媚之臣奏请皇帝泰山封禅。皇帝下令张衡为公车司马令（仅相当于现在领导的专车司机，如此有才的张衡，竟然只当了一个小司机，封建社会真是浪费人才，暴殄天物），要他造出指南车，为泰山之行开道；还要造出记里鼓，1里一击鼓，10里一鸣金，这就是记里鼓车。

当然，这样的刁难怎么会难住"制造天才"呢？

南阳张衡博物馆内展示的模拟张衡发明的计里鼓车的情形

　　河南南阳张衡博物馆内展示的模拟张衡发明的指南车，看看指南车的内部构造，即使现在工机具齐全的条件下，做出如此精密的指南车，也要一番功夫的。

指南车的内部构造

位于河南省南阳市北30公里的石桥镇小石桥村西北角有一个张衡墓，因张衡晚年曾担任尚书，故又俗称"尚书坟"，坐北向南，景色幽美。墓前立有原中国科学院院长郭沫若的撰文碑刻。碑文上说："张衡（78~139）东汉末叶杰出的文学家，他的两京赋在汉代文学中有优越地位。但在天文方面，他也有独到成就。年四十时（公元117年）制成浑天仪，以观察天体运行。其后十五年，又制成候风地动仪，以测候地震。 如此全面发展之人物，在世界史中亦所罕见。万祀千龄，令人景仰。一九五六年十月郭沫若题。"

张衡通过精心设计，反复试验，终于发明出指南车和记里鼓车。

据记载，张衡制造的指南车，车厢正中间有个平放着的大齿轮，即一个48齿的轮子。大齿轮中央有一平台，金童仙子站在此台上，左手拢于胸前，右手平平举起，指向正南方。当车向左或向右转弯时，金童仙子也会转身，但右手所指的方向却始终不变。

遗憾的是，张衡制造的指南车并没有保存下来，所以我们现在无法得知其真实面目究竟如何。

木圣激造指南车

马钧

天下之名巧（天下闻名的技术高超的人）

你知道这是哪位人物吗？何以担当得起"天下之名巧"的美称？他就是马钧，我国第一个成功地制造出指南车的人。

马钧，三国时期魏国扶风（今陕西省兴平县）人，生活在东汉末年，生卒年代不详。

马钧出身贫寒，从小口吃，不善言谈。但是他很喜欢思索，善于动脑，同时注重实践，勤于动手，尤其喜欢钻研机械方面的问题。他是中国古代的机械大师。他的不少发明创造对当时生产力的发展起了相当大的作用。因为他在传动机械方面有很深的造诣，所以当时人们对他的评价很高，称他为"天下之名巧"。

马钧少年游乐，未认识到自己的才华。当博士时，生活贫困，于是改进绫机，并因此而出名。后来，在魏朝担任给事中（相当于谏官，主要职责是监督皇帝的过失），同时研制机械。他虽然一生不大得志，但刻苦钻研，设计制造出多种机械。魏明帝时，织布五十条经线者有五十蹑（脚踏操纵板），六十条经线者六十蹑，他将织机一律改为十二个蹑，大大提高了效率。由此可见，人应找到自己真正的擅长之处，并不断发扬光大，方能有所成就。

所谓"木圣"，古人是专门指那些刻削技艺超群者，也就是精通木工或机械制造者。前文说的张衡是也，本文要说的马钧更是也。甚至在他同时代的人眼中，马钧甚至超过了张衡。可你知道吗？他之所以能造出指南车，完全是因为别人的激励！

用实力说话

马钧在造指南车的过程中，受到了很多嘲讽和冷眼。有一天，在朝堂上，官员们就指南车和马钧展开了激烈的争论。散骑常侍高堂隆说："古代据说有指南车，但文献不足，不足为凭，只不过随便说说罢了。"马钧说："愚见以为，指南车以往很可能是有过的，问题在于后人对它没有认真钻研，就原理方面看，造指南车还不是什么很了不起的事。"高堂隆听后轻视地冷冷一笑。秦朗则更是摇头不已，他嘲讽马钧说："你先生名钧，字德衡，钧是器具的模型，衡能决定物品的轻重，如果轻重都没有一定的标准，能作模型吗？"马钧道："空口争论，又有何用？咱们试制一下，自有分晓。"随后，他们一起去见魏明帝，明帝遂令马钧制造指南车。马钧在没有资料、没有模型的情况下，苦钻苦研，反复实验，没过多久，终于运用差动齿轮的构造原理制成了指南车。

指南车

事实胜于雄辩，马钧用实际成就胜利地结束了这一场争论。在战火纷飞、硝烟弥漫的战场上，不管战车如何地翻动，车上木人的手指始终指南，这引起了满朝大臣的敬佩。从此，"天下服其巧也"。

造福一方，泽被后世

除了指南车，马钧还制造了很多其他的机械设备，这些设备被广泛应用于农业生产之中。

据《后汉书·张让传》记载，东汉灵帝中平三年

马钧制造指南车复原图

（186年），毕岚曾制造翻车，用于取河水洒路。马钧在京城洛阳任职时，城里有地可以种植蔬菜，但愁的是近旁没有水可以灌溉。为了解决这一问题，马钧制造了翻车（即龙骨水车）。清代麟庆所著的《河工器具图说》记载了翻车的构造：车身用三块板拼成矩形长槽，槽两端各架一链轮，以龙骨叶板作链条，穿过长槽；车身斜置在水边，下链轮和长槽的一部分浸入水中，在岸上的链轮为主动轮；主动轮的轴较长，两端各带拐木四根；人靠在架上，踏动拐木，驱动上链轮，叶板沿槽刮水上升，到槽端将水排出，再沿长槽上方返回水中。如此循环，连续把水送到岸上。马钧所制的翻车轻快省力，可让儿童运转，"其巧百倍于常"，即比当时其他提水工具强好多倍。因此，他所制造的翻车受到社会上的欢迎，被广泛应用。直到20世纪，中国有些地区仍使用翻车提水。

由于封建统治阶级腐败没落，马钧的许多发明创造没有得到重视。他一生不得志，虽然曾做过给事中官，但他的工作仍然受到阻挠和蔑视，技巧一直未得到顺利发展。尽管文学家傅玄曾几次在魏国贵族安乡侯曹义、武安侯曹爽那里推荐他，但还是没有受到重视。傅玄对此感慨颇深地说："马先生的巧，虽古时的公输般（鲁班）、墨翟以及近代的张衡也比不过，但公输般和墨翟都能见用于时，张衡和马钧的一生却不能发挥其长，真是最痛心的事。"傅玄的话道出了在封建社会里许多发明家被埋没的事实。

龙骨水车

祖冲之仿制指南车

优秀青年

如果祖冲之生活在当代，那他一定是2014年毫无争议的国家优秀青年的获得者，不仅在天文历法、机械制造方面颇有建树，并且精通音乐、哲学，是"素质教育"下全面发展的典型。

祖冲之，这位"地上的事情全知道，天上的事情知道一半"的学识渊博的杰出青年出生于魏晋南北朝时期。他的祖父祖昌曾在宋朝政府里担任过大匠卿，负责主持建筑工程；同时，祖家历代对天文历法都很有研究。因此，祖冲之从小就有接触科学技术的机会。青年时期，他便美名传天下，被政府派到当时的一个学术研究机关——华林学省做研究工作。魏晋南北朝时期连年混战，民不聊生，所以，研究院的生活很不安定，远没有我们想象的那么滋润，但是他仍然继续坚持学术研究，并且取得了很大的成就。他研究学术的态度非常严谨。他十分重视古人研究的成果，但又决不迷信完全听从于古人。用他自己的话来说，就是决不"虚推（盲目崇拜）古人"，而要"搜拣古今（从大量的古今著作中吸取精华）"。

时势造英雄，也毁英雄。祖冲之空负一身绝学，却无用武之地。72岁时（此时已是南齐时期），他便

祖冲之

谁说仿品一定不如原作？关键是看仿造人的技术能力。这不，我们优秀的祖冲之先生仿制出来的指南车比原作还要灵活、实用。由此可见，仿造也是一项技能。

齐高帝

溘然长逝。从这个角度看，没能生活在和平发展的当今时代，是祖冲之的一个遗憾。

叫板也是需要实力的

前面一节讲到三国时代的发明家马钧曾经制造过这种指南车，可惜后来失传了。到了魏晋南北朝时期，东晋大将刘裕（也就是后来宋朝的开国皇帝）进军至长安时，曾获得后秦统治者姚兴的一辆旧指南车，车子里面的机械已经散失，车子行走时，只能由人来转动木人的手，使它指向南方。

后来齐高帝萧道成灭宋，建立南齐，他命令祖冲之仿制指南车。祖冲之所制指南车的内部机件全是铜的。制成后，萧道成就派大臣王僧虔、刘休两人去试验，结果证明它的构造精巧，运转灵活，无论怎样转弯，木人的手都指向南方。

当祖冲之制成指南车的时候，北朝有一个名叫索驭驎的人来到南朝，自称也会制造指南车。于是萧道成也让他制成一辆，在皇宫里的乐游苑和祖冲之所制造的指南车比赛。结果祖冲之所制的指南车运转自如，索驭驎所制的却很不灵活。索驭驎只得认输，并把自己制的指南车毁掉了。所以，叫板不止是底气足、嗓门大就可以随便乱叫的，实力不够，"叫板"可就成为"受夹板儿气"了。

虎父无犬子

俗话说"虎父无犬子"，这就是对祖冲之父子的真实写照。祖冲之的儿子祖暅（geng 四声），也是一位杰出的数学家，他继承他父亲的研究，创立了球体体积的正确算法，他们当时采用的一条原理是："幂

齐高帝萧道成（427～482年）字绍伯，小名斗将。根据《南齐书·高帝纪》记载，齐高帝萧道成乃"汉相萧何二十四世孙"。宋明帝时为右军将军，先后镇会稽（今浙江绍兴）、淮阴（今江苏清江西），以军功累官至南兖州刺史，与袁粲、褚渊、刘秉号称"四贵"。后宋皇室成员争权，自相残杀，朝廷实权渐集于道成。升明元年（477年）七月，道成杀后废帝刘昱，立刘准（宋顺帝）。萧道成封齐王，兼总军国，次第诛灭忠于宋室的袁粲、荆州刺史沈攸之、黄回等。三年四月受宋禅，即皇帝位，改国号大齐，改元建元，史称南齐。

势既同，则积不容异。"意即：位于两平行平面之间
的两个立体，被任一平行于这两平面的平面所截，如
果两个截面的面积恒相等，则这两个立体的体积相
等。这一原理在西方被称为"卡瓦列利原理"，但这
是在祖冲之以后1100多年才由意大利数学家卡瓦列利
发现的。为了纪念发现这一原理的重大贡献，数学上
也称这一原理为"祖暅原理"。

在天文方面，他也能继承父业。他曾著《天文
录》三十卷、《天文录经要诀》一卷，可惜这些书都
失传了。梁武帝天监初年，祖暅将祖冲之制定的《大
明历》重新加以修订，《大明历》才被正式采用。他
还制造过记时用的漏壶，造得很准确，并且作过一部
《漏刻经》。

祖冲之雕像

燕肃再造指南车

燕肃

正所谓："江山代有才人出，各领风骚数百年。"指南车的制造起于黄帝战蚩尤的传说，随着马均发明的指南车的出现，越来越多的人继续研究指南车的技术，燕肃就是其中比较出色的一位。

才艺双全奇燕肃

燕肃（961~1040年），北宋画家、科学家，今山东益都人，少孤贫，巧思过人，真宗大中祥符年间（1008~1016年）进士，官至龙图阁直学士（宋朝的"加官"，指官员在本职之外加领的另外官衔，是个虚衔，一种荣誉称号），人称"燕龙图"。他学识渊博，精通天文物理，有指南车、记里鼓、莲花漏等仪器的创造发明；且工诗善画，以诗入画，意境高超，为文人画的先驱者，善画山水寒林，与王维不相上

下；亦擅人物、牛马、松竹、翎毛……在明州，为《海潮图》，著《海潮论》二篇。

达芬奇式的人物

燕肃博学多艺，但只知埋头苦干，从不宣扬自己。《宣和画谱》著录御府所藏其作品有《春岫渔歌图》、《夏溪图》、《春山图》、《冬晴钓艇图》等37件。传世作品有《春山图》卷，纸本，墨笔，纵47.3cm，横115.6cm。该画及《寒林岩雪图》现均藏故宫博物院，《山居图》纨扇，图录于《宋人院体画风》。《海潮论》虽刻在石碑上，却未曾留下名字，是经过考证才知道是他的著作，这充分表现了一个伟大的科学家的博大胸怀。著名科学技术史家、英国诗人李约瑟在他的《中国与西方的科学和社会》中说："燕肃是个达芬奇式的人物。"

巧制计时莲花漏

宋仁宗大圣八年（1030年），燕肃经过反复研究，终于制造出新的莲花刻漏。燕肃发明的莲花漏较

我们都很熟悉"达芬奇画鸡蛋"的故事，但如果你仅仅把他看作一位画家，你就太低估达芬奇的实力了，除了是画家，他还是雕刻家、建筑师、音乐家、数学家、工程师、发明家、解剖学家、地质学家、制图师、植物学家和作家。更令人吃惊的是，达芬奇还制作出了初级机器人，用于心脏搭桥手术。不仅如此，他还颇通军事，设计制作了坦克车、潜水艇、滑翔机、直升机等许多军事器械。看到这里，你是不是对这位大师佩服得五体投地呢？正因为其各方面的突出贡献，小行星3000被命名为"列奥纳多"，以表示人们对这位大师的尊敬和怀念。

旧刻漏有很大改进，有上、下两个水池盛水，上池漏于下池，再由铜鸟均匀地注入石壶，石壶上有莲叶盖，一支箭首刻着莲花的浮箭，插入莲叶盖中心。箭为木制，由于水的浮力，能穿过莲心沿直径上升，箭上有刻度，从刻度就可以看出是什么时刻和什么节气了。根据全年每日昼夜的长短微有差异，他又把24节气制成长短刻度不同的48支浮箭，每一个节气昼夜各更换一支。这种刻漏制作简单，计时准确，设计精巧，便于推广。经过试验之后，宋仁宗于景祐三年（1036年）颁行全国使用莲花漏。莲花漏颁行后，受到各方面的称赞。大文学家苏轼在《徐州莲花漏铭并序》中称赞燕肃，"以创物之智闻于天下，作莲花漏，世服其精。凡公所临必为之，今州郡往往而在，虽然巧者，莫敢损益"。朝官夏竦称其"秒忽无差"，各地"皆立石载其法"。燕肃每到一处做官，就把莲花漏的制造方法以碑刻的形式进行介绍、传播，并制成样品加以推广，这种热心传播科学技术的精神值得敬佩。

据《青箱杂记》记载，燕肃发明的"莲花漏"计时器，下有金莲承箭，上有铜鸟注水，水浮箭升，从箭上的刻度就可看出时间的变化和节气的到来。"莲花漏"较旧刻漏制作简便，计时更为准确。

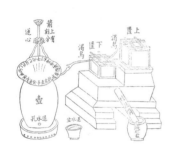

"莲花漏"计时器

莲花漏是一种刻漏计时器。在钟表出现以前，主要用刻漏计时，远在周朝我国已会制造这种仪器，以后各代都有制造并不断改进。燕肃精通天文历法，他深感当时计算时间的仪器不够准确，而且结构复杂，使用起来也不方便，于是他决心发明制作新的刻漏，作为一种新的计时器加以推广。

失传的指南车

指南车亦称司南车，据传它是四五千年前黄帝时代发明的，到宋朝时，制造方法已经失传了，没有任何详细资料。记里鼓车亦名大章车，远在晋朝时就会制造，后来也失传了。东汉著名科学家张衡、三国时代魏国著名机械发明家马钧都曾制成指南车，但其造法失传。其后，南齐科学家祖冲之曾将一辆只有外壳的指南车增补了内部机构，予以修复，但史书上都缺乏具体机械结构的记述。到唐代元和中，典作官金公立造指南车与记里鼓车，其制法又失传。历代史书关于指南车与记里鼓车的记载都甚简略，后人无法仿制。

燕肃从史籍上得知，从黄帝时起，我国虽曾多次制造指南车，但均未能传下来其详尽的制造方法时，就决心亲自再造指南车，以补历史空白。燕肃运用齿轮传动原理再造指南车与记里鼓车。

复原指南车、记里鼓车

指南车、记里鼓车是我国古代用来测定方向和记录行程的仪器。宋代的记里鼓车和指南车的研制是联系在一起的，指南车是利用差速齿轮原理制造的，而欧洲直到19世纪才发现和运用这一原理，比我国晚了1000多年。指南车和记里鼓车虽然不是燕肃发明的，但他从史籍上简单的文字记载就能把已失传且构造复杂的两件仪器复原出来，这说明，他的机械制造能力是很强的。

记里鼓车

失去是历史的遗憾，找到是我们的责任。历史的海洋总是会遗失一些宝贵的财富，令后人遗憾。燕肃看到了遗憾也完成了使命。燕肃擅长机械，就决心使它们复原，于是，他根据简单的文献记载重新进行设计，终于复原了指南车和记里鼓车。

燕肃的杰出贡献曾受到国内外科学家的高度赞扬，英国著名科学家曼彻斯特教授在赞誉燕肃的这一奇巧的指南车时就指出："西方各国近百年才知差速轮原理，而中国人早在1000年前就将其应用于指南车了。"

指南车的秘密

> 历史是有秘密的，正是因为它的秘密才令其格外迷人。在指南车的历史上，有很多鲜为人知的秘密，当我们带着这些秘密去看这个伟大的科学奇迹时，才更觉得它是多么令人惊叹和珍惜的历史礼物。

指南车发明人			
年代	朝代	发明人	成果
？年	传说时代	黄帝	无法证实
？年	西周	周公	无法证实
？年	汉	张衡	成功
235年	三国	马钧	成功
333年	后赵	魏猛、解飞	成功
417年	后秦	令狐生	成功
477年	刘宋	祖冲之	成功
477年	刘宋	索驭驎	成功
808年	唐	金公立	成功
1027年	宋	燕肃	成功
1107年	宋	吴德仁	成功

屡造屡失的秘密

我国历史上关于指南车的记载颇多，其历史也很久远，从黄帝开始，经过了张衡、马钧、祖冲之、燕肃、吴德仁等很多人。然而，为什么总是不断有人再造指南车，为什么古人不知道记录并保存指南车的制造方法，却总是遗失指南车的制造方法，让后人费力再造呢？

这其中的原因很复杂，古时候战乱频繁，而指南车是对战争有利的工具，其起源传说就起于"黄帝战蚩尤"的战争故事。所以，为了自己的利益，历朝历代都会竭力不使指南车的制作方法流传开来，以免威胁到自己的统治。由于战争的破坏力极大，而指南车又比较难制造，一经损坏，很难复原，即使有人再造，也不一定会成功。故而战争是指南车失传的最大祸端。此外，从古籍记载中可以看出，指南车的地位崇高、作用特殊，一般前朝灭亡之后，指南车也随之毁坏。因而产生各种屡废屡制的现象，造成历史上研制过指南车的人相当多。但是，他们所研制的指南车虽然外形有继承性，但内部结构却各不相同，甚至可能大有出入。因为指南车的内部构造是重要机密，为了不让人知道，历史上很少有古籍记载指南车的内部结构。因而很可能各代指南车的内部结构有所不同，甚至有较大不同，或者根本不同。

指南之外的工作

作为古代一种指示方向的车辆，指南车通常也是古代帝王出门的仪仗车辆之一，一般是在隆重的场合才使用的，以显示皇权的威武与豪华。又因为结构复杂，制造艰难，数量极少，物以稀为贵，因而指南车便成了稀有而珍贵的物件。历史上许多朝代都有关于指南车的记载，民间也流传了许许多多关于指南车的故事。

《南齐书》中记述了一个非常有趣的故事，南北朝时期，刘宋平定关中之后，得到了一具指南车，作为战利品，但只有外形，而无内部结构制造。于是，皇帝出行的时候，带上指南车，并使人躲在车内操纵，可见指南车关系到了皇帝的尊严与体面，非常重要。因为是皇帝所用，所以车身高大，装饰华美，还雕刻着金龙、仙人等。行走时前呼后拥，所用"驾士"相当多，有12人驾的，18人驾的，后甚至增至30人。因而，指南车是古代一种指示方向的车辆，也作为帝王的仪仗车辆。

奇妙的制作原理

指南车又称司南车，是中国古代用来指示方向的

指南车复原图

一种机械装置。指南车与司南、指南针等相比在指南的原理上截然不同。它是一种双轮独辕车。车上立有一个木人，一手伸臂直指，只要在车开始移动前，根据天象将木人的手指向南方，以后不管车向东还是向西转，由于车内有一种能够自动离合的齿轮系定向装置，木人的手臂始终指向南方。与指南针利用地磁效应不同，它运用的是差速齿轮原理，利用齿轮传动系统，根据车轮的转动，由车上木人指示方向。不论车子转向何方，木人的手始终指向南方，"车虽回运而手常指南"。

在使用时先人为地进行调整，使木人的手指向正南。若马拖着辕直走，则左右两个小平轮都悬空，车轮小齿轮和车中大平轮不发生啮合传动，因此木人不转，当然也不会改变指向。若车子向右拐弯，则车辕的前端也必向左，而其后端则必偏右。车辕的这种变化会使系在车辕上的吊悬两小平轮的绳子发生相应的松紧，从而把左边的小平轮向上拉，但仍使它悬空；而右边的小平轮则借铁坠子及其本身的重量往下落，从而造成了车轮小齿轮和大平轮的啮合传动。若车子向左转90度，则在转弯时，左轮不动，右轮要转半周。与右轮相连的小齿轮也就转半周（即转过12个齿），经过小平轮传动到大平轮，则大平轮将以相反的方向转动12个齿，即1/4周（也即90度），这样木仙人在和车一起左转90度的同时，又由于齿轮的啮合传动右转了90度，其结果等于没有转动，所以它的指向仍然不变。以此类推，任车子怎么转动，木仙人总能保持它的指向不变。由齿数、转动数，并保证木人指南的目的，可见古人掌握了关于齿轮匹配的力学知识和控制齿轮离合的方法。指南车的自动离合装置显示了古代机械技术的卓越成就。

伟大的开创精神

指南车的发明制造比较早。据说，西周时就已经发明了指南车，但最早的确切记载是在三国时期。据历史典籍记载，三国时的马钧第一个成功地制造出指南车。从三国时开始，历代史书几乎都有指南车的记载，但是都比较简略，没有关于指南车制造方法及原理的详细记载。直至宋代才有完整的资料记载指南车的内部结构原理，这份宝贵的史料详细地记载了燕肃所造指南车的内部结构和技术，成为中国历史上最宝贵的机械工程学文献。

指南车的创造标志着中国古代在齿轮传动和离合器的应用上已取得很大成就。李约瑟博士在对指南车的差动齿轮作详细研究后指出，无论如何，指南车是人类历史上第一驾有共协稳定的机械，当驾车人与车辆成一整体看待时，它就是一部摹控机械。

今人再造指南车

复杂的技艺和战争的破坏让指南车在历史上屡造屡失。从黄帝、张衡到马钧、祖冲之、燕肃等，指南车的奥秘一直吸引着世人不断探寻。前辈们相互继承或自成一派，其精妙的构思和工艺让指南车的每一次亮相都惊艳众生，也使得车的制作工艺更为扑朔迷离。在没有现成技术传承的情况下，当代人是如何运用他们的智慧让伟大的发明重见天日呢？就让我们一起走进指南车神奇的"现代之旅"。

祖冲之后人再造指南车

先辈文明子孙传

据资料记载，祖冲之曾在追修古法的过程中成功修造指南车，后来技艺失传。祖辈的后人们可不甘心让这伟大的文明就这么流失。2007年在祖冲之的故乡——河北省保定市涞水县车亭村，祖冲之的嫡系后代祖凤葛与丈夫祝永洪用七年时间苦心钻研亡佚的指南车制作工艺，凭借10多年的车床经验和木工技巧，经过无数次的失败，终于重拾先辈的骄傲，让指南车重现世间。

图中可以看到，整个指南车都采用红木结构，显得古韵十足。细心的同学可能还会发现车上的小木人很是眼熟。没错，祝永洪夫妻特意将小木人设计成了祖冲之像，也许是在提醒大家："这车可是有知识版权的哦。"

敦厚的小木人站在车中央，左臂向前，右臂略垂，无论你怎么转动车体，木人指向总是保持不变。这跟指南针的原理可就不同啦。指南针一般是利用磁石达到定向功用，而祝永洪夫妻制作的指南车是在车内部使用机械的传动方式将左右两车轮的旋转传递至输出杆件（木人）。因此，无论指南车是直线前进还是转弯时，内部传动机构都能够自动判定车身的旋转方向与角度，而将输出杆反方向回馈相同角度，以达到定向的目的。这是不是很奇妙呢？

花甲老人来叫板

无独有偶，继祖冲之后人再造指南车新闻报道后，南京一位退休工人跳出来叫板，表示自己在五年前就造了一辆指南车！

64岁的老人纵林家住孝陵卫晏公庙。原来在农场开拖拉机时他就喜欢敲敲打打，不仅擅长维修拖拉机，还为农场发明了撒肥机。退休后他仍喜欢在家摆弄各种机器。一次，在看到电视里介绍失传的指南车，老人心里的瘾一下就涌了上来。他想，既然古人能造出指南车，现代人为什么不行？从此一门心思扑到指南车的研究制作上，仅用两个月就造出整套装备来。

他的指南车体积虽小，可"五脏俱全"。"心脏"由几个齿轮构成，外表是废旧的三夹板，左右为两个木轮，前面还有一个车辕。整个车身上最醒目的是中间的玉制小人，小人伸出右臂，无论行车与否始终指向南方。美中不足的是车身装备还比较简陋。纵

老希望能有人能够帮他改良这项发明，使之成为一件
工艺品，这样他就可以将其送给更多的外国朋友，展
示古老中华的优秀文明。

自古英才出少年

年过六旬的老人居然重造出失传已久的指南车，
真是不可思议！更让人大跌眼镜的还在后头呢，你绝
对想不到最先解开千古之谜，让中国失传5000多年的
"黄帝指南车"重现的竟是一名16岁的中学生！下面是
这位同学的自述（模拟）。

我叫李琛，来自河南南阳。制作指南车的时候应
该跟你们差不多大，现在算是你们的学长了吧。2001
年学校接到央视科教频道《再造指南车》的课题，李
旭老师带队（河南南阳油田实验高中物理老师）给我
们布置了任务。但除了知道中国历史博物馆里有一架

李琛制造的指南车

黄帝指南车，是1971年第一任中国考古所所长王振铎先生根据史书记载复制出的第一辆指南车实物外，我们别无头绪。

回家后，我反复翻看史书上的记载，总觉得有些不对劲。七月份我曾在北京博物馆见过王先生复制的展品。虽然学术界几乎一致认为指南车最早出现在汉代，但王先生却复制出"黄帝指南车"。如果历史上的传说真实存在，那么在我国原始社会部落联盟时期，生产力水平怎么可能达到用齿轮转动系统和离合等复杂的原理来实现指南功能呢？

王老前辈这个模型从技术水平和实用性都跟黄帝时代的历史背景不符，这架指南车的制作应该有更简单的原理。于是我着手对车辆的转向进行观察，发现车辆转向时外轮行程大于内轮行程的行程。依据几何学中"等圆等弧所对的圆心角相等"的数学原理，我找到了车轮半径和车轴之间的距离关系以及它们跟所指方向间的联系。画出车轮平面的草图后，在李老师跟父亲的帮助下，我完成了第一台指南车实物的制作。

清华大学教授、中国古代科技史专家刘元亮对我的指南车提出了疑问："古时候圆周采用的度数是365.25度，不是360度。如果采用360度，不符合历史背景。你的车找回原来的方向很容易，能不能随时知道现在车行的方向？"

李琛在央视《智慧无极限》中与清华大学教授刘元亮

我想，车是由两个等大的车轮和车厢、车头组成的，两辆车轮轮距又等于半径，便找来不干胶在一个车轮边缘做上红色标记，又在另外一个轮子上标出"东南西北"。车厢上有横杆，出发时任选一方向，转动该轮，让另一轮子上的红色标记和该轮的"东"字对齐（可借助车厢上的标记与杆观察），再任意行走（进退、左右转向）。这样当需要确定车方向时只需看红标记跟另一车轮上的哪个字对齐，就能确定车现在的方向了。

所以，科技其实并不像大家想象的那样："科学之难，难于上青天。"技术创新不仅仅只是科学工作者的专利。只要你善于思考、勇于发现、敢于质疑、勤于动手，说不定下一个小小发明家就是你哦。

仿制的黄帝指南车

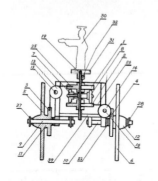
太极八卦式轩辕黄帝指南车主视图

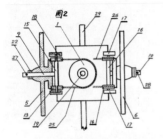
太极八卦式轩辕黄帝指南车俯视图

专家出马破谣言

如果说之前的民间版本还不足以重现指南车的雄风，那么专家出马可就是"一个顶四"啦。湖南茶陵的刘海涛是我国海军某研究所的工程师。为了解开指南车之谜，破除西方学者所谓"中国不是指南车发源地"的谣言细说，刘海涛历经30余年，终于使用轮轮技术做出一种仅用差速轮轮组装的全木质指南车（也就是黄帝指南车）。

此车高1.95米，长2.05米，宽1.5米，车轮直径1.05米，重约54公斤；由红木和高级硬木制成，上面没有任何金属构件，没有齿轮，车身全为木质，部分部件由牛皮或绳索连接。车上站立的司南仙人——黄帝，一只手指着南方，不论车体如何行驶、运转，指向永不改变。

截至目前，刘海涛总共研制的指南车多达十几种，统称为"中华指南车"，而现已推出的指南车有黄帝、周公、祖冲之、燕肃四个版本。真是忍不住要

给刘大工程师点32个赞!

认祖归"家"黄帝陵

　　既然是"黄帝版"指南车,总是免不了是要认祖归宗的。好心的"刘爸爸"(刘海涛)在2003年10月4日举办的重阳恭祭轩辕黄帝活动上,将该车捐赠给了黄帝陵管理局。至此,"黄帝"指南车正式落户黄帝陵"老家"。

　　关于这辆指南车上的"黄帝"文化,我们不妨也来一探究竟:该车采纳"龙山文化"与"仰韶文化"的木工卯榫技术,根据《易经》的哲理,仿照"河图"的结构及古籍对指南车外观特点与功能的描述而设计制造。车上的差速轮轮装置采用"九轻五行式", 不难联想黄帝"九五至尊"的尊贵身份;车

仿古指南车亮相第四届文博会

3000岁指南车在苏州复制成功

体为正方形，九只栓轮安置在车厢中间，象征着宇宙天体的九大行星。九只轮轮的最上方，屹立着司南仙人。奇特的结构彰显出中华民族"天圆地方，万物和谐，天人合一，人文至上"的思想；作为司南仙人的黄帝，一手指方向，不论车体如何行驶、运转，指向永不改变，寓意中华民族5000年"上下求索，矢志不移"的精神；黄帝另一手执"五珠中华结"，则象征五洲四海的吉祥如意与中华民族的大团结。该车车身上下并没有任何金属零件，不用齿轮，全由木质轮轮、卯椎构件、牛皮与绳索组装而成；式样古朴，运转灵活，向世人展现出泱泱中华千年的智慧与文明。

五花八门的仿古指南车

这件仿古指南车曾在第四届文博会上亮相。一大两小三台神韵飞扬的指南车是不是格外引人注目啊。它可是由深圳职业技术学院工业中心机械基础教研室研制，外观系艺术学院教师专门设计的，车长1.8米、高1.25米、宽1.2米，外形上参照了1937年我国著名学者王振铎所仿造的指南车型，在车的侧面还雕刻了出土的战国铜壶上的水陆大战图案。

遗憾的是，文博会上有位参观者好奇心切，忍不住动手摆弄起来。糟糕！他太大力了，一不小心把小号模型指南车的龙头给扯断了！观看展览会的同学们以后可得小心啦！

工业中心教师开发的仿古指南车成为文博会"明星"

看到这精美的浮雕，你该不会以为它是插在车上的一根漂亮拐杖吧？咦，小木人的手指怎么还会亮？不对，那是激光仪。这可是苏州古代天文计时仪器研究所人员专门研制出的指南车，红木材质，车身达2.28米之高。工作人员别出心裁地在顶端的指南小木人手指上安上激光仪，通电后的车子任意转向，我们也能看到小木人手指上的红点始终指示南方。

伊川农民（李富群）再造"指南车"

洛阳伊川的李富群老人对机械制造也颇感兴趣。图是2007年他耗费半年做出的指南车，车高3米左右，利用齿轮传动系统，根据车轮的转动，由车上木人指示方向。洛阳民俗博物馆也借着世界邮展和牡丹花会的机遇向世界游客展示了这一智慧结晶。

新式电动指南车

之前我们介绍的这些研究大都只是在纯机械领域中的机构创新，主要是根据史书记载对指南车进行复原。这种结构下的指南车设计的齿轮数目较多，精度要求也很高。如果制造误差大的话，传动精度很容易受到影响，指南车的指向功能也因此大打折扣。那么，如何解决这个问题呢？

指南车模型

电动式机器或许是个不错的选择。当代电动指南车的应用领域已经相当广泛。这种新型指南车既可以在工业设计上进行包装，做成教学仪器，使同学们在学习齿轮转动及电路知识时接触到实物，也能做成工艺品收藏、博物馆的展览模型供人参观，或是做成智力玩具启发学生思维，甚至还可以做成盲人的轮椅、旅游自动指向和自动购物车，等等。试想有一天，当你惬意地躺在酒店或旅馆的床上，自动送运车自动将食物送到你的房间，你和你的小伙伴们恐怕都会惊呆了吧。

指南车模型

"磁性"不改恋两极
司南指向显神奇

　　不知你是否还记得2008年北京奥运会开幕式上，有一位演员高高举起了一个类似于勺子形状的东西，那就是司南。我们的祖先在经过长期摸索、研制后，终于在战国时期发明了比指南车更加轻便的指南工具——"司南"。司南的诞生可以说是指南针发明史上石破天惊的大事，成为指南针发明进程中重要的转折点。

磁 的发现与应用

> 磁是指物质具有的能吸引铁、钴、镍等金属的特性。磁的发现、磁学知识的发展是我国古代科技史上的重大进步。它不仅为司南的发明奠定了坚实的基础，而且也启发古人将磁广泛地应用于政治、军事、生活和娱乐的各个领域，为后人提供了极大的便利。

母子情深

中国唐代的大诗人孟郊《游子吟》歌颂母爱的名句"慈母手中线，游子身上衣"流传了千百年并引起了成千上万的游子的共鸣。"母子情深"不止存在于人类社会，就连磁石也是如此。

之所以这么说，得归功于我们古人奇妙的想象力。磁石在古代并不叫作"磁石"，而是称之为"慈石"。例如，在《山海经》就有这样的说法："慈石取铁，如慈母之招子。"（意思是：磁石吸铁，就像慈爱的母亲召唤自己孩子那样亲近。）我们的古人把磁石能够吸铁的性质比喻为母亲召唤自己的孩子，把一个冷冰冰的物理现象变成充满感动和爱意的人类感情，由此可见，古

《山海经》：

先秦重要古籍，是一部富于神话传说的最古老的地理书，内容包罗万象，主要记述古代地理、动物、植物、矿产、神话、巫术、宗教等，最有代表性的神话寓言故事包括夸父追日、女娲补天、精卫填海、大禹治水、共工撞天、羿射九日等。

人的想象力是多么的丰富！

我们的祖先在发现了磁石能吸铁的这个性质后，就利用它的功用为自己服务了。

磁石门

大家看过张艺谋导演的《英雄》吗？电影是根据中国历史上真实发生的"荆轲刺秦王"的史实改编的。公元前227年，正值秦始皇统一六国时期。为了摆脱被秦国吞并的命运，燕国的太子丹重金选派一位名叫荆轲的义士，以献土地的名义去刺杀秦王。在秦国大殿上，荆轲献上地图、趁机拔出匕首、准备行刺时，却被秦王躲过，刺杀失败，荆轲最终死在乱箭之下。后来，鉴于这次刺杀事件，秦始皇在修筑一座宫殿时（就是历史上的"阿房宫"），就把宫殿里的门柱用磁石材质。这样，一方面可以防止刺客行刺。任何一个带着铁器的人一进入宫殿的大门，就会被磁石门吸住，寸步难行，只能束手就擒。另一方面也可以对来自四方的朝拜者形成震慑，使他们不敢有异心。从时间上来看，磁石门可以算是世界上第一个磁性警卫设施了。

其实，中国历史上还有很多著名的刺客，比如专诸、要离、聂氏姐弟等，但唯独荆轲之名誉满天下、妇幼皆知，原因何在？因为你选择的对手的高度决定着你的高度。

陕西西安磁石门

中国象棋

会行走的象棋

"楚河汉界，两军对峙；运筹帷幄，一决胜负。"
这是对中国象棋的形象描述。不过，你听说会自己行走
的象棋吗？

在汉武帝时期，有一个叫作栾（luán）大的力士，
他很喜欢下棋，也很喜欢制造棋子。在得知磁石吸铁的
性质后，栾大灵机一动，把铁针、磁石分别磨成细粉，
然后用鸡血调和，再把它们各自分别涂在棋子上。这样
一来，有的棋子被涂上了铁粉，有的棋子被涂上了磁
粉。下棋的时候，两军对阵，只要稍微碰一下带有铁粉
或磁粉的棋子，它们就会自动地向带磁粉或铁粉的棋子
的方向移动，栾大把这种棋子叫作"斗棋"。他把这种
棋子献给汉武帝，并演示给汉武帝看，汉武帝看后觉得
很神秘，待栾大向他说明了原理之后，就重赏了栾大。

马隆征西凉

马隆是晋朝时的一员大将。晋代的时候，西北地区的少数民族羌族不断地进犯晋国边界，严重影响了陇西、酒泉一带地区人民的安定生活。于是，马隆就奉晋武帝之命出征讨伐西凉。

双方刚开始交战时，由于羌族人身披铠甲，异常彪悍，所以晋国军队吃了不少败仗。后来，马隆想到了一条妙计。他命人在一条崎岖的山路旁放了许多磁性很强的磁石。这样，再与羌族人交锋时，他先派一小队人诱敌深入，把他们引入山路内。因为羌族人穿的都是铠甲，受到磁石的吸引力，动作就变得很迟缓。这时，马隆和穿着皮革战服的精锐部队从两旁的山峦处一路冲杀下来，把敌人打得落花流水、全军溃败。马隆也因此被羌族人封为"战神"。

马隆

磁石的性质

我们祖先发现磁石以后，利用自己的聪明智慧，把磁石应用于保卫、娱乐、勘探等各个方面。但他们并没有满足于此，而是继续努力探索磁石的其他性质和功用。

天然磁场——地球

对于我们赖以生存的地球母亲，你了解多少呢？眼里看到的自然万物？耳中听见的悦耳鸟鸣？自然还存在很多我们人类无法看见的物质，磁场就是一种无形的物质。

我们生活的地球是一个天然的大磁场，带有很强的磁性，并且具有指极性。一端是地球的磁南极，另一端是磁北极。这个大磁场对地球上的万事万物都有吸引作用。

关于地球磁场的形成原因，一种关于地球磁场成因的假说认为：地球磁场的形成原因和其他行星的磁场的形成原因是类似的，地球由于某种原因而带上了电荷或者导致各个圈层间电荷分布不均匀。这些电荷由于随行

地球的磁场对于我们人类有很重要的意义：

1. 现代科学证明，如果人体长期顺着地磁的南北方向可使人体器官细胞有序化，产生生物磁化效应，使生物电得到加强，器官机能得到调整和增进，从而起到了良好的作用。

2. 而且在地球南北两极出现的极光也与地球磁场有关。

……

星的自转而做圆周运动，由于运动的电荷就是电流，电流必然产生磁场。这个产生的磁场就是行星的磁场，地球的磁场也是类似的原因产生的。

但为什么我们不能感知到磁场的作用呢？因为地磁场的形成具有一定特殊性，它是在自转过程中产生磁场。从运动相对性的观点考虑，居住在地球上的人随地球一同转动保持着相对静止，所以地球上的人是无法感觉到地球自转产生的磁场效应。

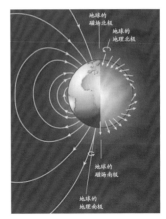

地球磁场

任尔东西南北风

清朝郑板桥的诗歌《竹石》："咬定青山不放松，立根原在破岩中。千磨万击还坚劲，任尔东西南北风。"这首诗是一首题画诗，诗歌是借赞美竹子坚定顽强的精神，隐喻自己强劲的风骨。

磁石也具有这种如竹子般坚定顽强的精神，不过和竹子不同的是，竹子是人们从它的自然特性中赋予它的这种精神，而磁石则是天然就具有此种"精神"：不管外部环境如何变化，永远坚守自己的方向。

这么说，是因为假如你把一根磁体悬挂起来，当它静止的时候，必然指向南北两个方向。无论你是在高山，还是平地、海洋，还是陆地，磁体的这种指向性永远都不会改变。磁体一端指在北方，叫作北极；另一端指在南方，叫作南极，现代科学把磁石的这种性质称作指极性。

那么，为什么磁体具有这种性质呢？原因就是我们上面所说地球的磁性。因为地球本身就是一个大磁场，所以处于地球表面的磁体，由于同性相斥、异性相吸的磁学原理，指向地球南方的那一端便是北极，指向北方的那一端则是南极。作为四大发明之一的指南针就是根据磁石的指极性制成的。

郑板桥：

清代官吏、书画家、文学家。名燮，江苏兴化人，"扬州八怪"之一。其诗、书、画均旷世独立，世称"三绝"，擅画兰、竹、石、松、菊等植物，其中画竹已50余年，成就最为突出。著有《板桥全集》。

我的眼中只有你

恋爱中的情侣总爱说"我的眼中只有你"，以此表明自己对爱情的专一。相比之下，磁石对铁的专一足以让我们相信爱情。

磁石具有专一的吸铁性，也就是说，磁石只吸铁，绝不"多看一眼"其他的任何东西，这是因为铁本身具有很强的导磁性，当铁被放在磁石的四周时，就会受到磁石周围磁场的强烈作用，从而变成一个强磁体，所以容易被磁石吸引。而铜、金等物体是弱磁性物体，不容易被磁场磁化，也就不易被磁石吸引。

与上一章提到的母爱相比，爱情似乎更适合来描述磁石和铁的关系。因为母爱、亲情具有公共性，而爱情是一种私有的感情，不允许有其他东西的插入，恰恰适合于磁石对铁的专一性。

磁偏角

磁偏角是地球表面任一点的磁子午圈同地理子午圈的夹角。地球有南极和北极，我们把在地球表面连接南北两极的大圆线叫作"经线"，又叫"子午线"。通过上面的介绍，我们知道地球还有磁南极和磁北极。但是值得注意的是，地球的南极和北极与磁南极和磁北极不是一回事，它们并不在一个地方。科学家们又把通过地面上某一点及地球磁南极、磁北极的平面和地球表面的交线，称为"磁子午线"。因此，地球子午线和地球磁子午线就会形成一个夹角，这个夹角就是"磁偏角"。可见，磁偏角的产生的根本原因是地球南北两极和地球的磁南北两极不同。

磁偏角并不是一成不变的，而是随着地点的变化

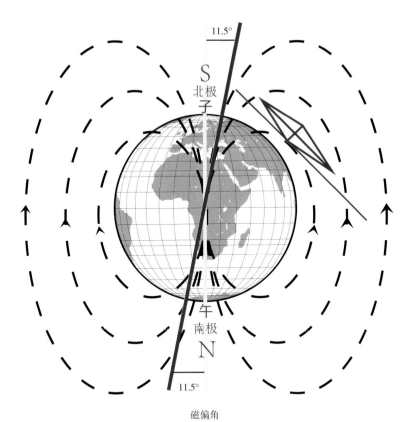

磁偏角

而变化，而同一地点的磁偏角又是随着时间的推移而改变的。例如，武汉一带的磁偏角是2度，江苏一带则是4度。磁偏角的发现，标志着我们祖先对于磁的研究已经达到了相当高的水平。

北宋初，堪舆大师王汲（约988~1058年）曾写下了著名的《针法诗》，诗曰："虚危之间针路明，南方张度上三乘。坎离正位人难识，差却毫厘断不灵。""坎"表示正南，"离"表示正北。这段话是告诫人们指南针必须指向方位盘的虚危张星之间，即北偏西或者南偏东7.5度。诗的意思是按理讲针位应该指向正南、正北，但却明显看到针位北偏西或南偏东。

梦溪笔谈

> 天然磁石本身就具有磁性，不需要外界再赐予。那么，那些自然界中没有磁性的物体可否充磁后使它们变成有磁性的物体呢？如可以，那又有哪些办法呢？为此，我们的古人做了大胆的假设和多次的探索，终于获得了成功。

沈括和他的《梦溪笔谈》：

　　沈括（1031~1095年），字存中，号梦溪丈人，杭州钱塘（今浙江杭州）人，北宋科学家，晚年以平生见闻撰写了笔记体巨著《梦溪笔谈》。

　　《梦溪笔谈》现存《梦溪笔谈》分为26卷，内容涉及天文学、数学、地理、地质、物理、生物、医学等学科。《梦溪笔谈》是中国科学技术史上"百科全书式的著作"。

摩擦起磁

　　宋代大科学家沈括在他的著作《梦溪笔谈》中记载了使原本不具有磁性的物体变成磁性物体的方法："以磁石磨针锋，则锐处常指南。"（意思是：用磁石摩擦钢针的针尖，则针尖指的是南方。）

　　这就是古人发现的方法之一：用天然磁石摩擦钢针使之磁化变成磁针。这是因为在钢针本来就存在着一个一个的小单元磁体，我们把它叫作"磁畴"，每个磁畴也都有南极和北极。但由于这些磁畴都是杂乱无章地排列着，所以相互之间都把磁性抵消了，而使得整个钢针在总体上就不具备磁性了。钢针受到磁石的摩擦后，受到磁石磁场的强烈影响，这样原来杂乱无章排列的小磁畴就像听话的小学生，变成很有规律的排列，它们的磁南极和磁北极都各自指向了相同的方向，最终这根钢针就变成了磁针。

磁场中的磁针

剩磁不剩

现代社会，带有"剩"的词语似乎就不是什么好东西，诸如剩男、剩女、剩菜残羹等。如果你真的这样看待，那你就太小看"剩"字家族了，剩磁要为它的家族正名了。

最早记录剩磁的著作是1044年曾公亮的《武经总要》，书中写道"当军队遇上阴天或暗夜，不能辨别方向和位置时，就让老马走在前面带路，或者使用指南车或指南鱼以辨别方向。制造指南车的方法现已失传。指南鱼的制作方法是，以薄铁片剪成鱼形，约5厘米长、1厘米宽，首尾皆尖。然后将其置于炭火中烧，待其烧至通红，用铁钳夹住鱼头出火，将其尾对着正北。在这样的位置将其放入水盆中淬火，使尾进入水中约1厘米多。然后将它收藏在一个密闭匣中。使用时，用一小碗盛水放在无风处，把鱼平平地放在水上，使其浮于水面，这样鱼头就会指南"。

这就是剩磁在军事中的应用。"剩磁"产生的基本原理就是铁在加热到很高的温度后再冷却到居里点以下，可能获得磁性。如果它正好处于一个磁场中，就会受到磁感应而获得剩磁。因为地球本身就是一个大磁场，所以只要把一块铁在冷却时位于南北方向，它就可以从地球的磁场获得微弱的磁性。

通过热剩磁感应获得的磁铁有很大的优点——不用天然磁石就可以制作罗盘。这一点被广泛地应用于军事领域。因为中国古代的战争经常出现天然磁石供给不足或丢失的情况。

居里点：

19世纪末，著名物理学家居里在自己的实验室里发现磁石的一个物理特性，就是当磁石加热到一定温度时，原来的磁性就会消失。后来，人们把这个温度叫"居里点"。

吾家司南初长成

日益完善的磁学知识、勤奋踏实的求学态度，再加上不怕失败的探索精神，我们古人终于在战国时期发明了最初的指南仪器——司南。起初的司南并不"好看"，不过"女大十八变"，"长大"后的司南小巧精致，真是人见人爱、花见花开。

"成长"小记

司南大约在春秋战国时期就已经出现了。刚刚"出生"的司南并不是我们现在看到的样子。起初，它只是一个单调的大盘，叫作"栻（shì）盘"。栻盘为双层结构，遵循的基本原则是"天圆地方"，下层是象征着方形大地的"地盘"，上层则是象征着圆形上天的"天盘"。天盘环绕中心枢轴旋转，在其四周刻有24个罗盘方向，中心处则刻有象征北斗七星的标志。地盘上则刻有28星宿，其内环上重复刻有24个罗盘方位。此外，它还刻有《易经》诸卦中最重要的八卦符号，其中乾卦位于西北，坤卦位于东南。

栻盘的"皮肤"很粗糙，因为它是用木头做成的。根据《唐六典》的记载，天盘是用槭（qì）木做成的，地盘则选用的是枣木。后来，人们用青铜取代

司南

了木头，栻盘的"皮肤"变得光滑多了，简直可以和镜子相媲美了。

时光荏苒，岁月如梭，栻盘褪去了"青涩的外表"，天盘渐渐地被北斗七星的实用模型——司南勺所取代，从此迎来了"人生"的"黄金时代"。

风华正茂

度过了"青春期"，司南逐渐变得"成熟大气"。此时的司南虽然还是由"盘"和"杓"两部分组成的，但外表上发生了巨大的变化。

司南的"脸型"没变，在下的依旧是一个方形的地盘，可"眉目"就"清秀"得多了：在地盘的中间空出一块圆形的地方，镶嵌进一个空白的"天盘"。

地盘上的文字共分为三圈。

著作《韩非子》

内圈天干：甲乙丙丁庚辛壬癸还有干、坤等八卦的八个符号。

中圈地支：子丑寅卯辰巳午未申酉戌亥。

外圈星宿：角、亢、氐、房、心、尾、箕，斗、牛、女、虚、危、室、壁，奎、娄、胃、昴、毕、觜、参，井、鬼、柳、星、张、翼、轸。

内圈与中圈除掉八卦中与地支重复的四个方向，一共是24字，代表了24个方向。其中的"子"代表的是正北方，"午"字代表正南方。盘的最外圈的28个字，叫作28星宿，我们先人认为天上的星宿代表着地上一定的地区，因此也把它列在盘上，但它并不代表方向。

盘上类似小勺的东西就叫作"杓"，把它放在平滑的"地盘"上可以保持平衡，而且还可以自由旋转。当它静止的时候，勺柄就会指向南方，因此古人给它取名为"司南"。古书中有很多关于应用司南辨方向的记载，著名的文学家韩非在其著作《韩非子·有度》中说："先王立司南以端朝夕。""司南"就是指示南方的意思，"端朝夕"是指正西方，这句话的意思是，先王曾立"司南"以显示东南西北的方向。

中国古代的黄帝被尊称为"天子"，他们也相信"司南"能够为他们指引正确的方向，获得上天的力量。公元23年，汉军攻陷了他的皇宫，王莽是介于前汉和后汉之间的新朝的开国皇帝，也是唯一的皇帝，在记录王莽之死时有这样一段话：

汉军杀入王莽的宫中，宫中起火。在这危急时刻，王莽身穿黑中透红的军服，带着玉玺，手持匕首，至前殿辟火。天文郎在他面前旋栻盘，将盘调到某日和某个时辰，进行占卜。王莽则转动其坐位，向斗柄指示的方向（南方）坐定，并且说："天已将帝位给了我，汉兵能奈我何？"这时，汉兵赶到，王莽被杀。

这里"旋席随斗柄而坐"中的"斗"很有可能指的就是司南，"斗柄"的指向为他指明了他必须面对的方向，这样才能提醒上天他所具有的帝王之力，才能打败那些叛乱者。

王莽

"保养"秘诀

司南历经千年，仍"风采依旧"，光滑如镜，它究竟是如何"保养"的呢？

关键是司南的"皮肤"底板好。它是我们祖先用人工琢玉的方法把天然磁石琢磨而成的。古人利用琢玉技术把一块天然磁石琢玉成一个形如汤匙的"杓"（也就是"司南"），把它的磁北极那一端琢磨成勺柄，而把磁南极琢磨成勺碗。然后把它放在地盘中，使司南的勺碗的底部与地盘相接触，勺柄则高高扬起。由于司南的底部和地盘的平面都做得非常平滑，所以摩擦力很小，司南可以在地盘中央自由灵活地转动。无论怎样转动，等到它静止以后，受到地球磁场的作用，勺柄的磁北极就总是指向南方，这样便可以识别东西南北了。又因为这种磁勺式的司南只有放在地盘上才能使用，因此也被称为"罗盘磁匙"。

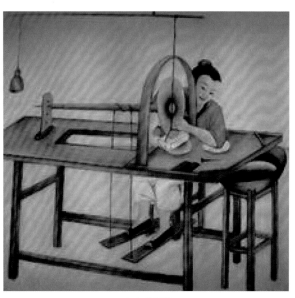

古人琢玉图

看"我"七十二变

丑小鸭最终变成白天鹅，飞向了湛蓝的天空；灰姑娘最后变成了公主，与王子幸福地生活在一起……她们都"变身"成功，去了自己向往已久的地方。司南虽然没有她们的好运气，但靠自己"七十二变"的本领，努力让自己变得更轻盈、更方便。

司南三省其身

在指南车面前，司南有骄傲的资格，因为与指南车相比，它具有无与伦比的优点。首先，司南轻便，比指南车容易携带；其次，司南不仅能够指示方向，还具有观赏价值，可以把它作为工艺品来观赏；最后，司南的性能结构和工作原理同指南车的制造原理有着本质上的不同，前者靠的是磁学原理，后者则是机械原理。因此可以说，司南是我国指南针发明史上一次质的飞跃。

然而，正如"Every coin has two sides"（凡事有利也有弊）。司南没有被傲慢冲昏头脑，它很清醒地认识到自己的不足之处：比如说使用司南时，必须用手放在适当的位置，然后再拨动勺柄使其旋转，不能够自动指示方向；在颠簸不平的情况下，不能使用司南；使用时间长了，磁性减弱，必须重新用磁石制作一个新的司南使用；司南和地盘的摩擦力会降低仪器的灵敏性……这些都给使用者造成了很多不便。鉴于此，司南觉得很惭愧，于是决定"变身"，让自己变得更好，让人们更喜欢自己。

悬针法

为了使磁针在地盘上自由旋转，达到指南的目的，司南动用了自己的各种"关系"，终于找到了与它"性情"相近的磁针来帮忙。

首先，将磁针拴在一根丝线上，放在无风的地方垂悬在地盘上，等到磁针静止的时候就可以指示方向。

这里，司南还"玩"起了双关语——悬针。它既指磁针能吸引其他磁针，也指它悬在地盘上指示方向。

悬针法

不过，显而易见，悬针法最大的缺点就是容易受到风的影响，为了把这种影响降到最低，古人就把磁针制成蝌蚪形或者是鱼形。即使这样，仍不能够完全解决问题，而且，使用悬针法，一方面不能迅速地指示方向，另一方面也不能够在颠簸的状态下使用，应用遇到了很大的问题。但总体而言，这种方法的最大贡献就是将磁勺换成了磁针，完成了磁体形态上的技术改进。虽然取得了进步，司南并不十分"满意"，它"思来想去"，把目光投向了水。

漂浮式指南针

漂浮式指南针又称"水罗盘"，是司南的第二个"变身"。把磁针放在一个中间凹陷处盛水、边上标有方向的盘子里，磁针浮在水上能够自由地旋转，静止时两端分别指向南北，这种指南仪器比司南更加灵敏，主要供海上航行时使用，郑和下西洋也使用了这种指南仪器呢。水罗盘的制成是对司南的革命性改革。

龟心荷叶碗水浮针（北宋）

旱罗盘

旱罗盘是受到水罗盘的启发制作出来的。不像水罗盘里的磁针那样漂浮在水中，旱罗盘的磁针是用钉子支在它的重心处，并且使支点和磁针之间的摩擦力很小，以便能使磁针自由旋转，判定出具体的方向。旱罗盘轻便准确，比水罗盘有更大的优越性，既适合于在陆地上使用，也同样适用于海上航行。即使天气隐晦，也照常可以指示出方向。

旱罗盘

司南频繁"变身"，可谓是"用心良苦"。从琢磨而成的勺状天然磁石到针状的人造磁体，提高了指极的灵敏度，并相应改变了在刻度盘上投放磁体的方式。最后，司南仪上的地盘形状也随之变化，由方形自然而然地变成了圆盘形。司南的"苦心"没有白费，它在社会上的"知名度"更高了。

踏破铁鞋无处寻
风水孕育指南针

　　每当我们听到"一条大河波浪宽，风吹稻花香两岸，我家就在岸上住……"那优美的旋律，脑海中便会油然地浮现出各自家乡的美景来。的确，千万年来，勤劳勇敢的中华儿女世世代代就喜欢临水而居或依山建屋，所谓"仁者爱山，智者乐水"。"好山好水好地方"，这正是风水术追求自然地理和谐的魅力所在，也是它在民间存在和发展了千百年的根本原因。不少人对它嗤之以鼻，不屑一顾，可你知不知道，正是风水术的出现和流行，才促使了指南针的诞生和普及呢！

以"生气"为核心，以藏风、得水为条件，以寻求一个理想的墓葬环境为着眼点，以福荫子孙为最终目的的风水学与指南针的出现息息相关。

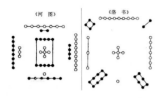

《河图》　　《洛书》

河图与洛书是中国古代流传下来的两幅神秘图案，历来被认为是河洛文化的滥觞。河图、洛书是中华文化、阴阳五行术数之源。最早记录在《尚书》之中，其次在《易传》之中，诸子百家多有记述。太极、八卦、周易、六甲、九星、风水等皆可追源至此。

相传，上古伏羲时，洛阳孟津县境内的黄河中浮出龙马，背负"河图"，献给伏羲。伏羲依此而演成八卦，后为《周易》来源。又相传，大禹时，洛阳西洛宁县洛河中浮出神龟，背驮"洛书"，献给大禹。大禹依此治水成功，遂划天下为九州，又依此定九章大法，治理社会，流传下来收入《尚书》中，名《洪范》。《易·系辞上》中"河出图，洛出书，圣人则之"就是指这两件事。

风水学

天然磁场——地球

"风水"是何物？"风水"既与自然界的风和水有关，却又不仅仅关乎风和水。风水二字源于晋代郭璞著的《葬经》："气乘风则散，界水则止，古人聚之使不散，行之使有止。故谓之'风水'。""风水之法，得水为上，藏风次之。"圣人作易，上观天文，下察地理。唐代杨筠松在《撼能经》中云："堪舆之道，在天成象，在地成形。""风"就是自然界中的现象，空气的流动形成风。"水"就是指大自然中的山谷溪涧、河流、湖泊、海洋。好的"风水"既能够藏风又能够聚气，才是有利于人们居住生活的环境。

风水学又称堪舆术，是从河图、洛书演变而来的。追根溯源，它是与易经卦理分不开的。在远古时代，我们祖先饱受洪水泛滥之苦、气象环境之害，再加上疾病的侵扰，人类在大自然面前实在显得渺小、脆弱。为了更好地生存下来，我们祖先就开始运用智慧来选择自然居住环境，《易经》就是这种智慧的结晶。人们往往在择地、建宅前先卜地、相地，看看这块地是否适宜建筑居所。这种先卜后住的方式就叫"卜居"。

后来，在漫长的岁月中，这种卜居的方式逐渐将八卦九星阴阳五行等术数与择地、建屋的生活经验结合，形成了风水学的雏形。

风水学自产生之日起，就不单是一种理性精神，而且也有一种浪漫情致；就不单是一门科学，而且也是一门艺术。总之，风水学是理性与浪漫的交织、科学与艺术的共生。

风水看宅

古时候，不管穷人还是富人在选择住宅方位时都要考虑到风水。人们主要是考虑吉气的探求和阴阳平衡，而住宅方位的鉴定必须结合人的出生年月日时和出生地，以阴阳五行之"生、克、制、化"以及"卦""爻"之变而论得失吉凶，于是产生了"相宅说"。

风水学并不是一成不变的，而是随着朝代、信仰、理论的变化而不断发生着改变。例如，"西益宅"的说法产生于汉代，指在住宅的西边扩建新房是不吉利的。它反映了汉代人对于室内外方位的一种信仰和处理原则——以西方为禁忌方向，不可建造，宜空缺。不过，这种说法后来发生了变化，改以东北门为鬼门，认为在东北方向应该空缺。

除此种说法之外，风水学说中最盛行的一种说法就是葬地兴旺说。葬地兴旺说认为墓地的方位选择和家族的兴旺息息相关。据说，东汉时期有一个叫袁安的人，袁安的父亲死了，他的母亲让袁安带着鸡和酒去请看风水的人为其选择埋葬父亲的墓地。他在途中碰到三个书生，他们问袁安干什么去，袁安把事情告诉了他们。书生说："我知道一个好墓地。"袁安立即用携带的鸡和酒招待他们。吃喝完毕，他们将墓地的具体地点告诉了袁安，说："应当葬在此地，世世代代能做大官。"然后同他分别。袁安刚走出几步，回头再看三个书生都不见了。袁安怀疑他们是神仙，于是袁安把父亲葬在那个地方。后来袁安果然当官做到司徒，子孙昌盛，四代出了五个大官。从此，类似

美国人类学家埃米莉·艾亨认为，葬地兴旺说体现了生者和死者之间的"互惠"关系，但这种关系并不是一开始就是自觉的，祖先崇拜的核心一开始并不是"互惠"关系而是"礼"，这与东汉末年佛教的传入有一定的关系。佛教所主张的轮回因果报应思想与中国民间各种灵魂不灭的鬼神思想及祖先崇拜的结合才产生出一套生者与死者之间的"互惠"关系。自东汉之后，先人们对这种"互惠"关系越来越坚信不疑，正是这种"互惠"关系，使得葬地兴旺说盛行不衰。葬地兴旺说正是阴宅风水所追求的最高目标，它使使阴宅风水得以代代相传。

河南巩县宋陵石雕

昭穆制习见古代文献，昭穆即所谓庙次，与世系之作为世次不同。以周室为例，第一世为后稷（因为是始祖，统领昭穆，自己不落昭穆），二世不窋为昭，三世鞠为穆，四世公刘仍为昭，五世庆节仍为穆，六世皇仆为昭，七世差弗为穆，八世毁隃为昭，九世公非为穆，十世高圉为昭，十一世亚圉为穆，十二世祖绀为昭，十三世太王为穆，十四世王季为昭，十五世文王为穆，十六世武王为昭，由于都是父死子继的缘故，所以这里世次和庙次的关系很整齐，除始祖外，凡双数世次都为昭，凡单数世次都称穆。

根据《周礼》"先王之葬居中，以昭穆为左右。凡诸侯居左右以前，卿大夫、士居后，各以其族"及《周礼·春官》的说法，天子和诸侯的墓位"以昭穆为左右"，昭辈居东，穆辈居西，其排列形式和宗庙昭穆之制相同。这样公墓墓位安排可以有两种形式：一种是墓区内第一位先王或始祖居中，其后嗣依昭穆世次分列左右，横向排开。二世、四世、六世位于始祖之右侧，称穆；三世、五世、七世位于始祖之左侧，称昭。另一种墓位呈现纵列之形，由北向南交替排列。

的说法越来越多，葬地兴旺说就在民间兴旺起来了。

皇帝选穴

在历史漫长的发展过程中，风水学在汉代成型，唐代走向成熟，宋代达到鼎盛，从皇家到普通百姓都对其深信不疑。最典型的陵墓代表就属河南巩义的皇帝陵墓。

宋陵，即北宋（960~1127年）皇帝的陵园，位于巩义市境内，南有嵩山，北有黄河，依山傍水，风景优美，被人誉为"生在苏杭，葬在北邙"的风水宝地。墓葬全部按照五音姓利风水说而建，还采用称作贯鱼葬的昭穆葬制。

宋真宗景德三年（1006年）五月二十五日，按行使刘承珪言得司天监史序状："（明德皇太后）园陵宜在元德皇太后陵西安葬……其地西稍高，地势不平，按一行地理经：地有庞不平，拥塞风水宜平治之，正在永熙陵门（太宗陵）玉地，如贯鱼之形，从之……"至今，河南巩义宋陵仍呈现出北高南低的独特形态。

河南巩县宋陵石雕

位于河南洛阳的龙门石窟大佛相传是根据武则天的相貌制作而成

风水学兴起的背景

科举的"副作用"

　　备受现代人诟病的科举制究竟是否有它产生的必然条件？它又是否如人们所说的那样"十恶不赦"？这些问题我们暂且不论。不过，我们不得不承认的是，正是唐代科举制的发展促生了风水术的萌芽。

　　一方面，中国应科中举的读书人中，有不少人出身于"草根阶层"，相当于我们今天常说的"屌丝"。他们悬梁苦读，只为一天金榜题名，其遵循的人生轨迹大都是由农村转到政府（城市），退休之后，再荣归故里。由于他们饱读诗书，对自然山水有

　　风水学虽是玄之又玄的东西，但它的"出生"却没有一丝的神秘感，同万事万物一样，都是各种因素酝酿的结果。佛家语曰："一切诸果皆从因起。"由此看来，古人诚不欺余也。

科举制度的步骤

科举制度是中国古代读书人参加人才选拔考试的制度。它是历代封建王朝通过考试选拔官吏的一种制度。由于采用分科取士的办法，所以叫科举。科举制从隋代开始实行，到清光绪三十一年（1905年）举行最后一科进士考试为止，经历了1300多年。1905年9月2日，清政府废除科举制度。

科举对于知识的普及和民间读书风气的形成亦起了相当大的推动作用，客观上，中国的文风普遍得到了提高。科举的弊端到了明代日益显现，科举的考试内容陷入僵化，变成只要求考生能造出合乎形式的文章，不重考生的实际学识。大部分读书人为应科考，思想渐被狭隘的四书五经、迂腐的八股文所束缚，眼界、创造能力、独立思考能力都被大大限制了。到了清代，科举制本身的弊病越演越烈，终于消亡。

不过，颇为讽刺的是，就在中国废除了科举制之后，英国则根据科举制创立了公务员的录用方法，类似于我们今天的公务员考试制度，"科举制"又一次死而复生了。

着精深的见解。他们多半将自己的学说、感情借山水表达出来，寄情于山水，结果将传统文化和风水观念一起保留在了中国的乡村，使中国乡村住宅散发出一种深厚的哲理意趣和神奇迷离的与风水相混杂的文化艺术气息。这些上层人物对山水的理解和评述反过来又滋润和丰富了风水理论。

另一方面，为了保证自己的子孙能够高中，人们常常会祈求上天的保佑。受风水遗体受荫说的影响，人们认为受荫于已故的先祖便可发达，随之，坟墓厚葬之风愈刮愈烈，这种厚葬之风又反过来刺激促进了风水的发展。人们还认为吉利的住宅可以发人，遂对于住宅的吉凶异常重视。因此可以说，唐代的风水与科举制相得益彰。

佛教大盛

唐代佛教的兴盛可谓空前绝后。唐代君主多信奉佛教。唐太宗诏玄奘在弘福寺翻译经典，到高宗武后时，佛教益盛。武后出身佛教家庭，并利用佛教作为称帝的理论根据，乃大力提倡佛法，颁《大云经》于天下，又常请华严寺澄观大师入宫说法，佛教乃大盛。唐玄宗曾皈依密宗，受灌顶之礼。唐肃宗上元二年（761年），诏僧人数百于三殿置道场。宪宗、懿宗俱于凤翔门寺迎佛骨至京师，以后，穆宗、敬宗、文宗都奉佛教，佛教乃有君主支持而兴盛。

所谓上有所好，下必有甚。唐代的佛教还直接与群众生活发生联系，如岁时节日在寺院里举行的俗讲，用通俗的言词来作宣传，这些资料大都写成讲经文或变文（所讲的经有《华严经》、《法华经》、《维摩经》、《涅盘经》等）。又有化俗的法师游行村落，向民众说教。有时也由寺院发起组织社邑，定期斋会诵经，使社僧为大众说法。当时民间一般佛教徒的崇拜对象有弥勒、弥陀、观音、文殊等佛、菩萨。因为《华严经》中说及文殊常住在清凉山，别号清凉的五台山遂被看作文殊的道场，成为佛教信仰的一个中心地点，后来又经密教信徒的并力经营，寺院愈加发达。佛教的广泛流行为风水学的发展提供了适宜的土壤。

大师辈出

唐代时期，风水大师辈出，甚为耀眼。据《古今图书集成》堪舆名流列传以及一些民间传说可知，当时数一数二的风水大师有李淳风、张燕公、一行禅师、司马头陀、刘白文、浮屠弘云、陈亚和、杨筠松、丘延翰、曾文遄、范越凤、万伯超、刘淼、叶七、邵庭监、赖文俊等。其中，李淳风、一行禅师、丘延翰等人皆为见于正史的真实人物。不过正史里这些人都是集天文、地理、算学、术数为一身的神圣人物，较少谈及他们所从事的风水事业。另一些人物则较难考察其真实面目。其中以杨筠松为最突出的代表。在风水的自身谱系中，该人算是除郭璞之外的第二号人物，并且其影响与所建立的体系比郭璞更显庞大。

在风水术士心中，杨筠松不仅是江西派的始祖，真实存在，而且其代表著作有《疑龙经》、《撼龙经》、《葬法十二杖》、《青囊奥语》、《青囊序》等。其中《青囊奥语》、《青囊序》堪称代表，为后世风水的理论总则。风水大师人才济济，为风水理论的发展和繁荣奠定了坚实的基础。

杨筠松雕像

风水学的发展

萌芽时期

先秦是风水术的孕育时期，那时阴阳五行学说和易经已经开始融合，并流传发展开来。那时已有相地、卜暮之术，但多数是与占卜有关的。

到了汉代，易学卦理的广泛流行、博大精深巩固了风水学的发展基础，促进了其系统化的发展。"堪舆"一词就出现在汉代，它是风水最古老、最正宗的说法。在汉淮南王刘安的《淮南子》一书中，最早出现了"堪舆"一词，东汉大语言学家许慎对此解释道："堪，天道；舆，地道。"所以"堪舆"就是洞察研究宇宙天地山川与日月星辰、斗转星移交会变化之意。

不过，在这一时期，相地、相宅、相墓等主要是贵族大夫、达官贵人才能够使用的服务，广大的百姓是无缘问及的。

发扬光大

魏晋南北朝时期是风水学原理初步形成和发扬光大的时期。中国风水界的泰山北斗——郭璞就是这一时期的人物，他在代表著作《葬经》中提出的"葬乘生气"的观点，成为风水术的精髓，历经千年而不变，是各派风水学保持不变的原理和宗旨。

郭璞的理论最重"生气"，生气忌风喜水，因为有风则气散，所以忌风；而水则使生气凝聚，故喜水。他的理论注重强调藏风聚水。

就像一条倒"U"形的抛物线，风水学从地下探出了头后，经历了漫长的发展历程，在达到了鼎盛时期后，生命力逐渐走向衰退。古人云："月满则亏，水满则溢。"此消彼长，物盛则衰，这是万物发展的规律。

许慎像

郭璞雕像

南宋明帝是个极迷信的人，南齐武帝也相信风水，使得风水术大兴，民间也产生相墓家，专门为人们看阴宅。由于魏晋南北朝时期也承袭前朝之相地术，故地理学也很发达，风水师遂结合当时地理知识与风水术发展出新的风水理论。

这一时期的风水学已蔚然成风，不再是专属贵族的VIP服务，广大的百姓们也笃信风水学，深信住宅基地或坟墓周围的山川龙脉、河流形势、风向、阳光等因素都能够对住家或葬者家人的祸福吉凶产生影响。好的住址或墓地能够庇护后代、带来福泽，使人一生荣华富贵、出人头地。这时，还有术士专门以此业为生。

空前盛行

唐宋时期是汉晋以来风水学发展的承前启后的时期。在基本理论方面，唐代的学术为风水学奠定了更加完善的框架和系统化的基础。其中影响最大的就是

郭璞（276~324年），字景纯，河东闻喜县人（今山西省闻喜县），西晋建平太守郭瑗之子。东晋著名学者，既是文学家和训诂学家，又是道学术数大师和游仙诗的祖师。西晋末年战乱将起，郭璞躲避江南，历任宣城、丹阳参军。晋元帝时期，升至著作佐郎，迁尚书郎，又任将军王敦的记室参军。324年，力阻驻守荆州的王敦谋逆，被杀，时年49岁。事后，郭璞被追赐为"弘农太守"。晋明帝在玄武湖边建了郭璞的衣冠冢，名"郭公墩"。

江西派的杨筠松。

杨筠松开创了一派风水术的新理论，他在风水术上主张因地制宜，因形择穴，观察龙脉，分析形势、方位，从而确定阳宅、阴宅的最佳位置，由此发展成为了风水地理的"形法理论"，世称"形势派""江西派"或"赣派"。杨筠松也因此被后世风水家们尊为江西派的风水祖师，声誉极高。

除了杨筠松，影响较大的还有陈抟，不过与杨名垂千古不同，陈抟是恶名远播。他精研《周易》，将易理学说与自己心得融合，并运用在相地术上，撰有《指玄篇》，创造了风水上的"理气派"，但却使得原本简单实用的相地术染上高深（迷信）占理，使后世之人难以理解，此为风水之不幸。学者王玉德在《神秘的风水》书中说："易学是传统文化中博大精深的学问，陈抟把易学与风水理论纠缠在一起，一方面使易学渗透到风水领域，染上灰暗色；另一方面使

世传的风水术变得更加复杂、混乱。陈抟此举实在是一件非常糟糕的事情。"

大师有好有坏，这就留给帝王一个问题：To believe or not to believe,that is a question（相信还是不相信，这是一个问题）。不过唐宋帝王之中，信风水的人颇多。风水事迹记载于《大唐新语》之中，《太平广记》也有很多唐代风水记录，当时许多道士也都懂风水，而且唐代设有"司天监"（专门观天文之象的官）。唐代国力强盛，版图扩大到西域，当时风水术也大为兴盛地传到西域，由敦煌莫高窟考古文献中见有《宅经》、《阴阳书》等即可知道风水观念远播到西北地区。

到了宋朝，宋仁宗和宋神宗都不相信风水，但宋徽宗对此深信不疑，他原本无子嗣，有位术士告诉他将京师西北隅地势加高数倍，就可以得子，于是他命人照做，果然得子。因此他更是对风水深信不疑，遂

宋徽宗赵佶，在位25年（1100年2月23日至1126年1月18日），国亡被俘受折磨而死，终年54岁，葬于永佑陵。宋徽宗算不上一位有作为的皇帝，但绝对是一位杰出的艺术家，他精通书法、绘画、宗教、茶道等，艺术造诣足以令现在很多艺术家汗颜。

他在位时将画家的地位提到中国历史上的最高位置，成立翰林书画院，即当时的宫廷画院。以画作为科举升官的一种考试方法，每年以诗词做题目，曾刺激出许多新的创意佳话。例如，题目为"山中藏古寺"，许多人画深山寺院飞檐，但得第一名的没有画任何房屋，只画了一个和尚在山溪挑水；另题为"踏花归去马蹄香"，得第一名的没有画任何花卉，只画了一人骑马，有蝴蝶飞绕马蹄间。这些都极大地刺激了中国画意境的发展。

另外，徽宗独创的瘦金体书法独步天下，直到今天相信也没有人能够超越。这种瘦金体书法挺拔秀丽、飘逸犀利，即便是完全不懂书法的人，看过后也会感觉极佳。传世不朽的瘦金体书法作品有《瘦金体千字文》、《夏日诗帖》、《欧阳询张翰帖跋》等。此后800多年来，没有人能够达到他的高度，他可称为古今第一人。

命人选择宝地兴筑上清宝箓宫，改建延福宫，结果因大兴土木致劳民伤财，令国库空虚，国力式微，以致政权衰败。

宋代很注重阳宅风水，也讲究丧葬习俗。《朱子家礼》记述，人死后先选地形，再择日开莹，三个月后才葬。高似孙在他的《纬略—宅经》中说："凡宅东下西高，富贵雄豪。前高后下，绝无门户。后高前下，多足牛马。凡地欲坦平，名曰梁土；后高前下，名曰晋土；居之并吉。西高东下，名曰鲁土；居之富贵，当出贤人。前高后下，名曰楚土；居之凶。四面高中央下，名曰卫土，居之先富后贫。"这段文字是风水师现在仍在沿用的基本观念，可见当时风水理论已相当完备了。这些缘于宋代时期科技发达，地学知识亦丰，相地术自然而然取地学理论融合使用。宋代科技书籍《梦溪笔谈》就写出地势高下、地区不同则气温不同，同时亦写出海陆变迁、地貌侵蚀之地球科学观念。

百家齐放、百花争鸣

明清时期，风水学名花辈出，开宗立派者甚多，各门各派纷纷著书立说，对中国风水学的继承和发扬起到了重要的作用，这时的代表人物有蒋大鸿、沈竹礽等。

明代风水的兴盛从都城和皇家陵墓的选址之中就可窥探一二。明朱元璋建都金陵（南京）时下过不少工夫，由于城外大部分山脉都是面向城内，具朝拱之势，唯牛首山和花山背对城垣。朱元璋大为不悦，派人在牛鼻处凿洞用铁锁穿过，使牛首山势转向内。另在花山上大肆伐木，使山秃黄。

明成祖将都城迁到北京，完全依风水观念营建，

明十三陵文官雕像

我们今日到北京紫禁城去观光就可以体会出整个形态气势的磅礴了。可见明成祖是一位笃信风水的皇帝，因此宫中达官贵人也都为自己寻觅风水宝地。这导致民间全都讲究风水，可以说风水是明朝人一生中很重要的准则。

明十三陵武官雕像

此外，明朝皇家陵墓——十三陵位于北京西北昌平县黄土山，此处东西北三面环山，南面有河，山间地势平坦，河侧有两座小山拱卫，明朝时被风水大师廖均卿相中，认为此处风水极佳，便推荐给明成祖，改名天寿山，明代十三位皇帝都埋葬在此。

此种风气下，民间当然也信风水。北方人之四合院即为讲究风水术之建筑，其大门一定开在院子正面墙靠左侧，"取左青龙动方"之意，风水师称此为坎宅巽门，是最吉祥之方位。

但到了后期，风水学派名目繁杂，良莠不齐，伪学趁此大行其道，而且各教派之间冲突不断，老死不相往来，闭门造车、妄自臆测的很多。风水学的发展由此走向下坡。

明十三陵

罗经石

"工欲善其事，必先利其器。"犹如工人手中的锤子，农民手中的镰刀，士兵手中的枪支，文化人手中的笔杆，风水师手中的工具，就是这神奇的"包罗万象、经天纬地"的风水罗盘，它也是世世代代的风水师借以谋生的饭碗。风水罗盘是指有指南针的方位盘。从物理本质上说，它实际上是利用指南针定位原理来测定方位的工具，是四大发明之一的指南针的延续和发展。可以这样说，没有指南针也就没有风水罗盘。

风水罗盘考

传说——远古的指南车

在古代，罗盘被视为"包罗万象、经天纬地"的神器（故也称"罗经"），它的来历也被蒙上一层神奇的色彩。如《罗经透解》开篇说："盖罗经之始，乃轩辕黄帝战蚩尤，迷其南北，天降玄女，授帝针法，始得破彼妖术，此针法所由来也。然事属荒远，莫能稽考，或者谓周成王时，越裳入贡，归迷故道，周公遵其针法，造指南车以送之，针法始定。"

相传在4000多年前的黄帝统治时期，蛮横无道的蚩尤不接受黄帝的统治，双方大战于涿鹿之野。蚩尤使法术招来浓雾，当时黄帝被困于浓雾之中，迷失方向。幸得天降玄女，传授给黄帝指南针法，把指南针装入兵车之中，这才破了蚩尤的妖术，转危为安。又传闻3000年前的周成王时，南方的越裳氏到京城朝拜，周公送给他们指南车作为辨别方向的工具。这些传说年代久远，当然无法考察证实。关于这两段神话传说的故事，可参看本书第二章。

诗说——西周的圭表

远古时的人们，日出而作，日没而息，从太阳每天有规律地东升西落直观地感觉到了太阳与时间的关系，开始以太阳在天空中的位置来确定时间。但这很难精确。据记载，3000年前，西周丞相周公旦在河南登封县设置过一种以测定日影长度来确定时间的仪器，称为圭表。这当为世界上最早的计时器。

《诗经·大雅·生民》记述了周人始祖公刘由邰（在今陕西武功县境内）迁豳（在今陕西旬邑和彬县一带）开疆创业的史迹，其中唱道"忠厚我祖好公刘，又宽又长辟地头，丈量平原和山丘。山南山北测一周，勘明水源与水流"。正是后来风水师"辨方正位"的源头（"辨方正位"是风水师的主要技能）。他当时所用的工具说不定就是周公旦后来用的圭表。

1977年，在安徽阜阳双古堆西汉汝阴侯夏侯灶墓中发掘出的大量珍贵文物，其中有一件漆器因功能不详而当时被称为"不知名漆器"。经过专家多年的研究，发现这件物品正是古代用于测量正午日影长度的天文仪器——"圭表"，是世界上现存的年代最早、且具有确定年代的圭表。

公元1279年前后，元代天文学家郭守敬在河南登封的告成镇设计

圭表是中国古代观测天象的仪器。在不同季节、太阳的出没方位和正午高度不同，并有周期变化的规律。于露天将圭平置于表北面，根据圭上表影，测量、比较和标定日影的周日、周年变化，可以定方向、测时间、求出周年常数、划分季节和制定历法。

阜阳双古堆西汉汝阴侯墓的复原图

圭表

阜阳双古堆西汉汝阴侯夏侯灶一号墓葬（M1）出土的圭表（复制），现藏在安徽省博物院。

阜阳西汉汝阴侯墓，俗称"双古堆"，实为西汉第二代汝阴侯夏侯灶夫妇合葬墓，位于今阜阳师范学院西湖校区教学主楼前广场，原是一个高出地面20米、东西长100米、南北宽70米的双顶大古堆。1977年7月1日至8月8日，安徽省文物工作队、阜阳地区博物馆、阜阳县文化局联合对双古堆进行了发掘，根据墓葬出土漆器、铜器、封泥上的"女（汝）阴侯"、"汝阴家丞"、"十一年"等铭文，推定一号墓葬（M1）为西汉第二代汝阴侯夏侯灶，下葬年代为西汉文帝十五年（公元前165年）。二号墓（M2）为夏侯灶妻子的墓葬，准确下葬年代不详。

并建造了一座测景台，即河南登封观星台，它是中国现存最早的古代天文台。整个观星台相当于一个测量日影的圭表。高耸的城楼式建筑相当于一根竖在地面的杆子，称为"表"，台下有一个类似长堤的构造，相当于测量长度的尺子，称为"圭"，也叫作量天尺。城楼式建筑上有一个高9.64米（约当时4丈）的平台，上有两间小屋，一间放漏壶，一间放浑仪，两间屋子之间还有一根横梁。地上的量天尺长31.19米（相当于12丈），位于正北方向。把传统的8尺高表、1丈3尺长圭，增大为4丈高表、12丈长圭表，是典型的"高表"，也是测景仪器的重大改革。

成语"立竿见影"就源于最早的圭表

登封观星台

始祖——战国的司南

司南是我国古代辨别方向用的一种仪器。用天然磁铁矿石琢成一个杓形的东西，放在一个光滑的盘上，利用磁铁指南的作用，可以辨别方向，是指南针的始祖。早在战国时期，人们根据磁石指南的

司南

特性，就发明了司南。《韩非子·有度》说："先王立司南以端朝夕。"《鬼谷子·谋篇》亦谓："郑人之取玉也，载司南之车，为其不惑也。"可知当时司南已得到普遍运用。司南是最早的指南针，形制比较简单，主要是由勺和底盘组成。勺用磁铁制作，底部呈圆形，可以在平滑的底盘上自由旋转，当勺静止时，勺柄就指南方。底盘是一个方形盘，用铜质或木质材料制成，盘的四周刻有天干、地支和八卦，其中天干中戊已应在中心不刻，八天干、十二地支再加上乾坤巽艮四维共有二十四向，作为司南的定向。

可惜的是，战国时期的司南并没有实物流传下来，目前的司南模型是根据东汉王充在其著作《论衡》中的有关记载复原而成的。司南的最初发明者现在已无可查考，但是有一点是很清楚的：司南的发明与古代风水家长期观天测地、相度阴阳的实践经验有着重要联系。

由于天然磁石在琢制过程中不容易找出准确的极向，而且也容易因受震而失去磁性，因而司南成品率低。同时也因为这样琢制出来的司南磁性比较弱，而且在和地盘的接触的时候转动摩擦阻力较大，效果不是很好，因此这种司南未能得到广泛的应用。可是，司南的发明使人们对方位的感受更加具体，对方向的分位也由东、南、西、北四方演为八干、四维、十二支，合称为二十四向（又称二十四山），这也正是后世风水罗盘分度的基本单位。另外，风水罗盘重要的两个组成部分——

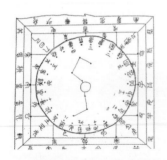

阜阳双古堆西汉汝阴侯夏侯灶一号墓葬（M1）出土的六壬式盘

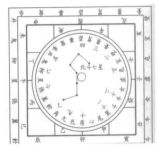

清王道亨在《罗经透解·罗经序》一书中认为，是汉初张良为改良六壬式盘者。当然，应该排除利用磁性的指北针。图为张良改良后的六壬式盘。

太乙六壬式盘

方位盘和指极磁体，都可以在司南那里找到原型。所以，可以说司南是风水罗盘的鼻祖。

雏形——汉代的太乙六壬式盘

六壬、奇门、太乙，古称三式，为中国传统预测术的经典和集大成者，也一直是中国道家、阴阳家等拥以自珍的秘宝，故有"太乙明天道，六壬知人事，奇门晓地理"之说。六壬式的形成有其古老的渊源，为干支学说的一个分支。六壬术自春秋战国时期已被使用，成熟并兴盛于汉代，经唐宋各代流传至今，在数术文化中占有突出位置。

所谓六壬，即在水、火、木、金、土五行之中，以水为首；甲、乙、丙、丁、戊、已、庚、辛、壬、癸十二天干之中，壬、癸皆属水，壬为阳水，癸为阴水，舍阴取阳，故名为"壬"；在六十甲子中，壬有六个，即壬申、壬午、壬辰、壬寅、壬子、壬戌，所以叫"六壬"。以六壬为坐标系而推算天时和方位吉凶，即为六壬术。六壬式盘就是古人创造出来供六壬占术使用的工具。学者们把1977年安徽阜阳双古堆西汉汝阴侯夏侯灶一号墓葬（M1）出土的一个漆木式式盘定为六壬式盘，到现在，类似的式盘已经发现了好几个。

六壬式盘有上下两层同轴叠成，上盘呈圆形为天盘，下盘呈方形则为地盘，象征天圆地方。天盘正中央是北斗七星，周围有两圈篆文。内圈为12个数字，代表一年的12个月份，外圈则是二十八宿。地盘四周是三层篆文：内层为八干（壬癸、甲乙、丙丁、庚辛）四维（天、地、人、鬼），中层为十二地支，外层为二十八宿。使用时，转动天盘，以天盘与地盘对位的干支时辰判断吉凶。六壬式盘中的地盘为方形盘，虽然没有磁针，不能测定方向，却分层刻画有

24个吉凶方位，其表示法与司南同。这一特点后来被风水罗盘直接继承了下来，并演化为圆盘。这样我们大体可以知道罗盘的最初形制，就是由天盘和地盘组成，上面主要刻有二十四向。所以，风水罗盘正是司南与六壬式盘结合的产物。

跨越——从指南针到旱罗盘

正如在使用司南时需要有地盘配合一样，在使用指南针的时候，也需要有方位盘相配合。一开始，指南针在使用时可能是没有固定的方位盘的，但是由于测定方位的需要，不久之后就有了磁针和方位盘的结合，罗盘就正式诞生了。方位盘乃是汉时地盘的二十四向，但是盘式已经由方形变成环形，我们今天所熟悉的罗盘形制确定下来。

罗盘的出现，无疑是指南针发展史上的一大进步，只要一看磁针在方位位置，就能定出方位来。罗盘的出现为航海提供了一个可靠而方便的指向仪器。最早在我国出现了水罗盘。盘面周围刻二十四方位，内中盛水，磁针横穿灯草，浮于水面。南宋时期，这种带有方位盘的指南针就已经用于航海了，甚至到了清代，仍有所见。

除水罗盘外，还有一种常用的罗盘——旱罗盘。旱罗盘是用一根尖支轴支在磁针的重心处，尽量减少支点的摩擦力，使磁针在支柱上自由灵活地转动以正确地指向南方。过去由于资料的缺乏，一直认为旱罗盘在我国的出现时间比较晚，是明朝中叶以后从外国传入。然而，20世纪80年代出土的张仙人瓷俑将中国使用（或者说发明）旱罗盘的时间大大提前了。

1985年，在江西省临川县宋墓中出土了两件"张仙人瓷俑"俑高 22.2 厘米，束发绾髻，穿右衽长衫，

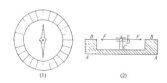

张仙人瓷俑中旱罗盘装针法

眼观前方，炯炯有神，俑右手竖持一罗盘，置于左胸前。俑底座有"张仙人"墨书。从瓷俑竖持罗盘而指南针不掉落、不倾斜的情形可断定，该罗盘为旱罗盘，并且还可以从中推知它为枢轴式装针方法。这是古代中国人发明旱罗盘的证据。所谓"张仙人"也就是姓张的风水先生，由此可见风水师对中国罗盘发明的贡献。该墓主人朱济南葬于公元1198年，可见，旱罗盘的发明时间应在此之前。

最终定型——三针（正针中针缝针）俱全的中国罗盘

风水祖师杨筠松

中国罗盘的发展史，由日景方位先天十二支的土圭，发展为磁针方位以八干四维天盘和先天十二支地盘合并为司南和六壬盘，再由六壬盘进而发展为有极星方位的正针中针缝针三针俱全的三十六层中国罗盘。

中国罗盘虽然体制繁杂，总的说来，只有三针，即正针、中针和缝针，其他诸层次都归属于这三针之下。三针都是二十四个方位，或称二十四山向。正针，在罗盘三针位于内层，因而称为内盘，以天地人三才而分称为地盘，由于磁针的子午红线正是正针的子午方位，故另名子午针。《南针诗》说的"先将子午定山冈"就是说用正针定山冈。正针所示方位是磁针所指的方位。正针及其七十二龙以及缝针是杨筠松创制的，所以正针和缝针又合称为杨盘。缝针，位处罗盘三针外圈称为外盘，以天地人三才而分被称为天盘，由于缝针的子午正对正针子癸和午丁的界缝因而得名为缝针。缝针所示方位是日景方位。

中针，位处罗盘三大针的中央，所以被称为中盘，以天地人三才而分名为人盘。因中针及其二十四天星是杨筠松的传人、宋代的赖文俊所创制的，所以又称为赖盘。中针所示方位是极星方位。由于中针的子午处于正针壬子和丙午的界缝，本来是属于缝针。一方面由于杨盘缝针先于中针的创制，另一方面为了区别杨盘缝针称为中针而不称缝针。中国罗盘从此建立起正针、中针、缝针三针的完备体制。

罗盘"三盘三针"的应用

1. 地盘——用于立向——在太极点上置"指南针或罗盘"测出四面八方，阳宅太极点在宅中，阴宅太极点在坟顶中央。

2. 人盘——用于消砂——看山峰、楼、树、墙、堆砌物、塔、烟囱等。

3. 天盘——用于纳水——看水的来去或路的走向，如水、河、溏、池、井、厕所（浊水）养鱼（动水）、门窗（动水）、路或平地（虚或假水）等。

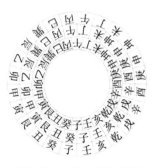

罗经正针、中针、缝针三盘图

以后，随着风水术的发展，风水的派别开始增多，新的理论方法不断出现。这些新的理论方法体现在罗盘上，使得盘面的层次也变得更加复杂起来。由于风水派别和大师传承的不同，罗盘形成了不同的种类，同种类的罗盘也因风水师传承的不同和产地的不同而有些微的差异，且同一种类罗盘因尺寸大小的不同，所容纳的圈层内容则又会有所增减。于是，便形成了我们今天看到的丰富多彩的款式。

"包罗万象、经天纬地"的神器

在风水术中，有一种说法是这样的："上等风水师观星望斗，二等风水师观山望水口，三等风水师背着罗盘满山走。"但实际上一个真正优秀的风水师是离不开罗盘的。风水罗盘在古代被视为"包罗万象、经天纬地"的神器，它是风水师在堪舆风水时用于立极与定向的测量必备工具。经过千百年的千锤百炼，现代风水罗盘更显示出其应用广泛且效果显著的神奇。罗盘最主要组成部分有天池（也就是指南针）、天心十道（架于外盘上的红十字线尼龙绳）、内盘（刻绘有一圈圈黑底金字的铜板圆盘，整个圆盘可来回转动，习惯上一圈叫作一层。其中有一层是二十四山之方位）、外盘（底座）等。

天池：也叫海底，亦就是指南针。罗盘的天池由顶针、磁针、海底线、圆柱形外盒、玻璃盖组成，固定在内盘中央。圆盒底面印中央有一个尖头的顶针，磁针的底面中央有一凹孔，磁针置放在顶针上。指南针有箭头的那端所指的方位是南，另一端指向北方。天池的底面上（海底）绘有一条红线，称为海底线，在北端两侧有两个红点，使用时要使磁针的指北端与海底线重合。现代罗盘的海底绘有十字线，使用时应使磁针的指北端指向海底十字线的北端，并使磁针与海底的南北线重合。

内盘：就是紧邻指南针外面那个可以转动的圆盘。内盘面上印有许多同心的圆圈，一个圈就叫一层。各层划分为不同的等份，有的层格子多，有的层格子少，最少的只分成8格，格子最多的一层有384格。每个格子上都印有不同的字符。罗盘有很多种类，层数有的多，有的少，最多的有52层，最少的只有5层。罗盘的各种内容分别印刻在内盘的不同盘圈（层）上，是罗盘的主要构成部分。各派风水术都将本派的主要内容列入罗盘上，使中国的罗盘成了中国术数的大百科全书。

外盘：外盘为正方形，是内盘的托盘，在四边外侧中点各有一小孔，穿入红线成为天心十道，用于读取内盘盘面上的内容。天心十道要求相互垂直，刚买的

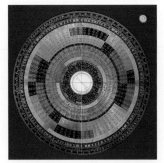

国际风水大师李居明先生的9寸李氏三元玄空飞星专业风水罗盘

新罗盘使用前都要对外盘进行校准才能使用。有些罗盘特别是内地产罗盘，则无外盘，使用时不太方便。有外盘者，多为香港和台湾近现代生产。指南针是测量地球表面的磁方位角的基本工具，广泛用于军事、航海、测绘、林业、勘探、建筑等各个领域。

你也不妨小试一下身手

如果有兴趣，你也可以不妨小试牛刀。使用罗盘时，双手分左右把持着外盘，双脚略微分开，将罗盘放在胸腹之间的位置上，保持罗盘水平状态，不要左高右低，或者前高后低。然后以你的背靠为坐，面对为向，开始立向。这个时候，罗盘上的十字鱼丝线应该与屋的正前、正后、正左、正右的四正位重合，如果十字线立的向不准，那么，所测的坐向就会出现偏差的了。固定了十字鱼丝线的位置之后，用双手的大拇指动内盘，当内盘转动时，天池会随之而转动。一直将内盘转动至磁针静止下来，与天池内的红线重叠在一起为止。

中国最具实战经验的风水大师、风水学实战专家赵敬峰先生

盘上有十多二十层，究竟那一层才是坐向呢？就是二十四山那一层了。它就在天池附近。鱼线向方上的那一个"山"，我们用它表示向；鱼丝坐方上的那一个"山"，我们用它表示坐。譬如说，向山是子，坐山是午，我们便称之为坐午向子。知道自己宅中的坐向后，将罗盘放在全屋的中心点，便可以由坐向求出全屋的方位（或宫位）磁针有小孔的一端必须与红线上的两个小红点重合，位置不能互掉。这时显示坐向方的鱼丝线（是横的那一条）与内盘各层相交。我们要找寻的各种数据和资料，就显示在这条鱼丝线所穿越和涵盖的区域上了。

万安古镇

晚安，万安

风水、罗盘话万安

武汉热干面，北京的烤鸭……每个城市都有独属于自己的特色。"风水"和"罗盘"无疑是最适合万安的城市标签。似乎从万安诞生的那一刻起，它的命运就紧紧地和罗盘联系在了一起。

万安地处徽州腹地，是古徽州四大名镇之一，形成于汉隋，至今已有1700年历史。徽州自古重风水，几乎无村不卜。在古人眼里，堪舆建宅对于子孙后代的旦夕祸福有着深远的影响。民谚云"生在扬州，玩在杭州，吃在苏州，死在徽州"，皆以落葬徽州为心愿，多少有着徽州人杰地灵的因素。风水先生因此成了古

万安，这个位于安徽省黄山市休宁县的小城镇，作为徽州盛极一时的水运码头，充满了岁月的味道。古老的徽商驿道依然石板青青，比肩接踵的商铺至今保持着前店后坊的格局，仄仄的石阶直通下方绵绵如锦缎的横江。浣衣妇的捶打声传来，清脆中又透着点时光的恍惚。在历史的漫长行程中，万安作为中国罗盘的生产基地，将永远被世人铭记。

徽州一个热门的职业。那些熟读易经，深受理学熏陶的读书人，可以很自然地转变为一个风水师。而他们在徽州大地上察看山形水脉时，手中握着的最重要的工具，正是罗盘。

万安罗盘

至今，在万安街头依然有不少经营罗盘的店铺，"吴鲁衡""方秀水""胡茹易""万安古镇老罗盘店"等众多老字号招徕着来自四面八方的游客。其中最著名的当属"吴鲁衡罗经店"。苍劲有力的匾额传达着悠长的历史。人因罗名，罗因人兴。一代罗盘宗师吴鲁衡在清雍正年间开设的这家罗盘店，早已成为知名的品牌。这家店生产的罗盘不仅早在1915年就夺得巴拿马万国博览会金奖，更被中国历史博物馆列入珍品展柜。

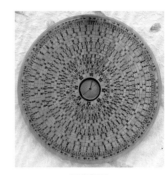

万安罗盘

小小一只罗盘上布满了密密麻麻的蝇头小楷、密如蛛网的圆线和直线的分格刻线，无不蕴含着宇宙的秩序、生命的堂奥，令人叹为观止。

罗盘是怎样的炼成的

万安罗盘的制作工艺是很考究的，既继承古法，又不断创新。

万安罗盘全部由家庭作坊手工制作而成。首先，精选特等木料"虎骨木"（重阳木）或白果树，然后需裁制坯料、车圆成坯、分格、清盘、书写盘面、油货、安装磁针等七道工序方算完工。盘面书写多由熟练师傅按不同型号和盘式的秘藏图谱，按太极阴阳、八卦二十四爻（yao 二声）、天干地支、二十四向至、二十四节气、十二生肖、二十八星宿分野、

万安罗盘制作

三百六十五天依次排列。用毛笔蝇头小楷，严谨细心、一丝不苟、端正无误书写，稍有错漏，就前功尽弃。因此要求极高，既要有文化根底，还要有书法根底。就像大多数的武功秘籍一样，罗盘最为神圣和神秘的就是最后一道——第七道"安装磁针"，必须由传人本人在密室安装，旁人不得偷学，且"传媳不传女"。指南针采用的是"镇店之宝"——祖传源自天外的陨石进行磁化，灵敏度极高，永不退磁。如此繁缛复杂的工艺，实非别处所能为之。

万安罗盘制作种类，按盘式分，主要有"三合盘""三元盘"和"综合盘"三种；按直径分，则有从2.8 至18.6 寸共11 种；按指南针制作方法，则有水浮、旋定和缕悬三种。据宋沈括《梦溪笔谈》载，属缕悬法为最佳，可惜明嘉靖后逐渐失传。

源远流长

罗盘大师吴鲁衡

山岚不语，横江悠悠，万安罗盘已经过千余年的历史变迁。千年以来，物是人非事事休，唯有万安罗盘依然方兴未艾，多少能给人以安慰吧。

万安罗盘至迟兴起于元末，在明代得到发展，清中叶达到鼎盛。明清时期闻名全国罗盘界的方秀水罗经店，是万安罗盘业名店，随后有胡茹易、胡平秩等名店。清雍正年间，吴鲁衡创万安上街"吴鲁衡罗经店"，集闽盘等各地罗盘制作之精粹，扬罗盘之特色，使罗盘风靡全国，扬名天下。吴鲁衡，名吴国柱，族人以山居砍柴为生，后迁居休宁万安。吴鲁衡罗盘制作精益求精、一丝不苟，其罗盘很快在市场上超越了方式罗盘。他又独具匠心，开发出日晷、月

晷和指南针等新产品，成为当时国内罗盘制造界的翘
楚。其罗盘产品行销于国内城乡，远传日、韩、东南
亚、欧美等地，享誉海内外。

吴鲁衡之后，其子光煜继承父业。世代相传，传
至第七代吴水森。第八代吴水森之子吴兆光正努力做
大罗经产业。万安"吴鲁衡罗经店"创办300年来，
吴氏族人八代世传其艺。万安罗盘至清末一度衰败，
民国初再现辉煌并延续到20世纪60年代初。停顿20年
后，1982年恢复生产。吴水森在1992年注册成立"休
宁县万安吴氏嫡传罗经老店"。在继承吴鲁衡罗盘制
作手工传统技艺的同时，实行产、学、研相结合，
1995年成立"休宁县吴鲁衡罗经科技研究所"进行新
产品玩法和传统文化研究，在"徽盘"三合盘、三元
盘、集合盘、玄空盘、朱子盘系列产品的基础上，完
善产品规格，并根据市场要求，开发装饰工艺品型的
新产品，在文艺旅游产品开发方面进行了很多摸索。
吴水森还经过潜心研究，制造出"镂悬式罗盘"，奇
迹般地填补了历史的缺憾。2008年，吴水森被评为国
家高级工艺美术大师。

万安吴鲁衡罗经老店

我欲因之梦司南
指南针法代代传

　　指南针也叫罗盘针，是我国古代劳动人民在生产试验中发明的一种利用磁石指极性制成的指南仪器。指南针之所以后来变成一根装在轴上可以自由转动的磁针，而且形式多种多样，竟可以成为可供观赏的艺术品，这是因为它经过了古代成千上万人们的漫长地辛勤研究和不断地改进，而逐渐发展而制成的。

唐代发明了指南针

唐代，大概是由司南向指南针过渡的孕育阶段。或者，唐宋之际完成了向指南针的过渡。但指南针最初是由谁发明的？越来越多的史料指向了一些正统人士不愿意看到的事实，那就是方家（风水先生）！

关于李白"铁杵磨成针"的新解

如果有人问："唐代有指南针吗？"我的回答会很斩钉截铁："肯定有啊！"亲们小时候没听说过李白铁棒磨成针的故事吗？相传李白小时候在山中读书，还没有读完，就放弃离去了。当他经过一条小溪时，看见一位老婆婆正在溪边的一块石头上磨着铁杵（铁棍、铁棒），小李白感到奇怪，便问她这是在干什么，老婆婆回答道："我想要做针。"李白不解地问道："铁杵磨成针，能行吗？"老婆婆答道："只需功夫深！"李白被她的毅力与意志所感动，马上就返回到了山上完成学业。这就是著名的"只要功夫深，铁杵磨成针"的来历。这是一个中华民族世世相传的一个非常典型的励志故事。

当然我今天引用这个故事，肯定不是要激励大家"好好学习，天天向上"了，而是另有一番见地，因为众所周知，李白是唐朝的大诗人，而李白遇到的这个老婆婆要磨的可不是一般的绣花针，而是我们这篇小文要说的指南针！所以，唐朝发明指南针就应该是理所当然的事了！此话一说，读者们肯定会说我这是像胡适先生给学生讲课那样，姓"胡"名

铁杵磨成针

"说"（胡说八道）了。也许吧！那么，好吧，咱们闲话少说，言归正传。看唐代是怎样发明指南针的吧！

《管氏地理指蒙》中指出蒙人的指南针的玄机

正如古代的巫医术孕育了医药学、炼丹术孕育了化学并发明了炸药一样，风水术孕育了指南针，因此，指南针的发明和发展的记载，我们当然可以从历史上的谈风论水的书籍中找到依据。《管氏地理指蒙》就是这样一部书。《管氏地理指蒙》（《新唐书·艺文志》则记载为《管氏指略》二卷）一书的内容明显表明为唐人托名三国时的堪舆大师管辂，汇集了本朝及前朝堪舆作品写成。作注的王伋（990～1050年）为宋初的堪舆师，则此书应当成于晚唐甚至更早。

《管氏地理指蒙》封面

《管氏地理指蒙》较早地记载了当时堪舆家看风水的情况。该书在谈到关于指南针的应用时这样写道："磁者母之道，针者铁之戕（残害），母子之性，以是感以是通，受戕之性，以是复以是完，体轻而径，所指必端，应一气之所，召土曷中而方曷（为什么），偏较轩辕之纪，尚在星虚丁癸之躔（日月星辰运行的度次），惟岁差（太阳循黄道向西退行每五十年为一度，是为岁差）之法，随黄道（假想的太阳绕地转的轨道）而占之，见成象之昭然。磁石受太阳之气而成，磁石孕二百年而成，铁虽成于磁，然非太阳之气不生，则火实为石之母，南离属太阳，真火针之指南北，顾母而恋其子也。"

这段文字是关于古代堪舆定位的语句，比较模糊难懂，大概的意思是："磁石有母性的本性，针是由铁打造而成的。磁石与铁的母子之性因此得以感应、互通。由铁打造的针复有其母之性（磁性）而更加完美。磁针体轻而直，其指向就应该很端正，这是由气感召的。奈何所在地适中，而针的指向性却偏离，其两端本应指向南北正位，却偏向了东西。这是考虑到岁差沿黄道所产生，因此上述偏离现象也就可以理解的了。"

这段话明确说明了以下三点：一是铁针受磁石的感应而具有的指极磁性，因铁针小所以其重量非常轻，又因为针直所以所指的方位非常准确。二是指明了在此所用的定向仪器是磁化了的铁针，而不是磁石条或普通铁针。这就指出了指南针的出现。三是以此磁针以测南北，有时针的指示方位并非子午（南北）正位，或是指正北方向的星宿和虚宿，而是有所偏斜，指向了南偏西的丁位与北偏东的癸位。此处明确地指出了磁针所指的方向非正南正北而是略偏东西，即此处指出了磁偏角的发现。

说一个坏消息和一个好消息

2010年11月18日《工人日报》发表了一篇题为《学者质疑"司南"为最早磁性指南工具之说 中国可能早在八世纪就发明了指南针》，从这个标题里，我们就明显发现作者先是说了一个坏消息，接着又说了一个好消息。

坏消息是：权威杂志《自然辩证法通讯》2010年第5期发表了刘亦丰、刘亦未、刘秉正三位学者合著的文章《司南指南文献新考》。文章认为，20世纪80年代以来通过反复用天然磁石指极性实验以及广泛的古文献考据认为司南是磁性指南器，在实验、制作和文献分析上都缺乏足够的支持。作者认为，司南在古

戴叔伦（732~789年），润州金坛（今属江苏）人

代文献中应为北斗的意思，如《论衡》中的"司南之杓，投之于地，其柢指南"的"杓"有第二读音，念biao（同标），为北斗的斗柄三星，《论衡》中的文字应解释为：当北天北斗的勺柄指向地面（北方）时，勺底的二星指向南方。北斗在文献中还有官职、法律以及天帝之车的意思。而司南也有类似的引申含义，这符合古人"天人合一"的思想。

好消息则是：在广泛搜集唐代文献过程中发现一处"指南"有可能是指南针，即唐代诗人戴叔伦在《赠徐山人》诗中有："乱馀山水半凋残，江上逢君春正阑。针自指南天窅窅，星犹拱北夜漫漫。""针自指南天窅窅（yǎo yǎo）"应该是说天色幽暗时，针指向南方，而且其与北极星的"拱北"相对。这有可能是迄今为止有关中国发明指南针的最早记载。古人很早就有磁石引针的记载，如晋·杨方《合欢诗》里有"磁石引长针，阳燧下炎烟"。这就说明古人可能在磁石引针的过程中导致针被人工磁化，并发现磁化了的针具有指极性，进而发明了指南针。一般认为指南针是11世纪发明的，记载在北宋时的《莹原总录》和《梦溪笔谈》。而戴叔伦（732~789年）是中唐时人，比上述记载早近300年左右。此记录有可能把指南针的发明推前到8世纪。

无独有偶，四川大学老子研究院院长詹石窗教授通过查阅文献也发现在唐代卜应天的《雪心赋》中已有关于指南针应用的描述，该书谓："立向辨方，的以子午针为正。"这个"子午针"乃是罗盘确定南北位置的标志，由此可以想见那时即便没有罗盘的称呼，但应该已经有罗盘的事实。（参见《量天测地一罗盘》）

《戴叔伦诗集校注》封面

《雪心赋》系唐朝卜应天所著，卜应天世居江西赣州，荐太史不就而入道门，为黄冠师。因自许"心地雪亮，透彻地理"，因而将其著作取名《雪心赋》。《雪心赋》是中国堪舆学中的名篇，是形势法（峦头法）风水的经典作品。明代地理家徐试可曾高度评价说："《雪心赋》词理明快，便后学之观览，引人渐入佳境。"

《泄天机》里泄露了指南针发明的天机

五代至宋初有堪舆家廖瑀（金精），其传世之作《泄天机》（即《金壁玄文》），也有关于指南针与偏角的明确记述，正与前面所说的王伋等人所述一致。

相传廖瑀年方十五，已经精通四书五经，乡人称其为"廖五经"。唐末兵荒马乱，科举不继。廖瑀的爷爷廖三传擅长堪舆，廖瑀自幼耳濡目染，转而研究堪舆之术。杨筠松在兴国、宁都、于都一带活动时，廖瑀与杨公相遇于虔化，起初他不服杨公，年轻气盛，屡屡与杨公斗法。有一次，黄陂廖氏请杨公去堪定一个门楼位置。廖金精预先用罗盘定准了方位，并在地下埋了一个铜钱做标记。杨筠松来后，却不用罗盘，只是用手里的一根竹竿，随手往地下一插，却正中了铜钱中间的方孔。廖金精这下服了杨公，虔诚地拜杨公为师。

风水宗师廖金精纪念馆画像

在《泄天机》中他说到指南针的应用时记载："四象既定，当分八卦。先于穴星后分水脊上下盘针，定脉从何方来。次于晕心标下下盘针，定脉从何方去。又于明堂中下盘针，定水从何方来，何方去。"

而论及指南针发明和磁偏角的发现，其诗云：

"八卦支干各有方，古人测影费推详。

南针方土常偏定，丙午中间妙用长。"

同时论说道："古者辨方位，树八尺之臬，而度其日出之影，以正东西。又参日中之影与极星以正南北。《周礼·匠人》之制度繁难，智者用周公指南车之制，规以木盘，外书二十四位，中为水池，滴水于其间，以磁石磨针锋浮于水面，则指南。然后以臬影较之，则不指正南，常偏丙位，故以丙午间对针，则二十四位皆得其正矣。用此以代树臬，可谓简便，真万古不灭之良法也。”（引自明代徐试可《地理天机会元》卷五所辑《泄天机》）

这段话的大致意思是，古人辨别方位，在阳光下树立八尺的桌子来测量影子的长短，并以此来判定东西的方位。又参考正午时的影子以及夜间北极星的方向来断定正南与正北。《周礼》中记载匠人的制度非常复杂和难懂，后代聪明的人用指南车的规制，将木头做成盘，外边画上二十四个方位，中间做成水池，并在其间滴水，将磁石磨成针状，使它浮在水面就能指南。然后用圭表的影子相比校正，发现并不全指南，常常偏在丙位，因此用丙午间对针，于是二十四个方位就可以准确了。用它来代替树臬，可以说简单方便，真是万古不变的好办法。而其中所说的“以丙午间对针，则二十四位皆得其正矣”，实际正是对杨惟德《茔原总录》“故取丙午壬子之间是天地中，得南北之正也”的说明，是以磁针所指，对位罗盘上二十四方位刻画的丙、午方位之间，则罗方位即为地理子午方位，而非地磁子午方位，其余方位也因此皆合地理方位。

从上面所说的几个案例中，我们可以发现，在宋以前的一些论述风水术的文学作品中，极有可能保存着有关指南针的发明和磁偏角的发现的大量资料，所以，指南针的发明早于现在通常认为的宋代，至少可以追溯到隋唐之际以至更早。

宋代指南针多种多样

指南针由唐代的风水家发明出来、入宋以后，有关它的文献和记载突然丰富起来了，指南针、指南鱼、指南龟几乎同时问世，地磁偏角、地磁倾角也相继被人们所发现和利用。有人说"宋代可谓是指南针的时代"，真的是此言不虚！

殊途同归的记载

科技成就的发明与应用，无不与当时的社会政治生活有着密切关系。印刷术、指南针、火药等科技的发明和应用，明显得益于宋朝统治者开明的政策。

当然，我们也应该看到，北宋指南针的大发展是在唐代原有的技术基础上取得的。

北宋初年的杨维德晚年写了一本题为《茔原总录》相墓书，并于1041年进献给了朝廷。他在书中记述了指南针和地磁偏角。其后三年（1044年），曾公亮的军事著作《武经总要》问世，书中记述了以地磁场磁化钢铁片的方法。又其后40余年，即1086年，沈括的《梦溪笔谈》完稿，他在书中详细介绍了以磁体磁化钢针的方法。因此，我们可以大胆地推测，在杨维德记下指南针和地磁偏角之前，已经有几代堪舆家摆弄过了指南针。

杨维德认为欲以指南针取南北方向，需将方位盘丙午之间对准针的指向，就可以获得东、西、南、北（即方位盘的子、午、卯、酉）的正向。他同时还指出指南针"当取丙午针"，即指南针不指正午，而是在丙午之间，这相当于地磁偏角为南偏东7.5度。"午"是地理正南方，"丙"是地理正南偏东，指南针的南向，即地磁南向是在这两个地理向之间，而地磁南向与地理南向西有偏差，就是所谓的地磁偏角。杨维德是世界上最早发现地磁偏角的人，而西方直到1492年才由哥伦布在航海中发现地磁偏角，比杨维德

曾公亮和《武经总要》

的记述晚了450年。

　　曾公亮的《武经总要》主要是对前人研制火药、火器的经验进行总结、整理写出的，全书共四十卷，分前后两集。在本书的前集卷十五中谈到行军时记载了北宋军事家制造指南针的方法，不过，这种指南针不是将缝纫钢针与磁石直接磁化做成的，而是将薄钢片剪成鱼形通过地磁场磁化而成的，这种指南针又称指南鱼。指南鱼的主体是人造磁体，主要制作方法是，将长6厘米、宽1.6厘米的薄铁片做成首尾尖锐的鱼形。然后将鱼形钢片放入炉火中烧红，用铁钳夹着鱼首淬火，以尾正对北向斜插入水盆中淬火。然后，收藏鱼形钢片。无风时，平放钢鱼使其浮于水面，其鱼首则指南。为什么这样就能制造指南针呢？因为赤红钢片淬火时，在地磁场影响下变成了有磁性的钢片。鱼尾朝地理北极磁化，则鱼尾具有南极磁性，鱼首具有北极磁性。将它放入水中浮在水面时，由于同性相斥、异性相吸的结果，鱼首就指南了。而淬火时将鱼形钢片斜插入水中，是为了利用地磁倾角，以便获得地磁场的较大磁化感应强度。这是历史上最早利用地磁场制造指南针的记载。

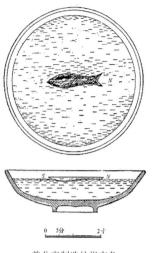

曾公亮制造的指南鱼

指南针的雏形是"蝌蚪"吗？

　　这种能指示方向的指南鱼是不是当时军事家的发明呢？非也！华东师范大学人文学院古籍研究所2006届硕士研究生王丛好，在其撰写的《古代堪舆著作中关于指南针发明和应用的早期史料研究》硕士学位论文中，在对《古今注》中一条史料的考证与研究后，发现早在晋代就有这种鱼形的指南针了。

　　晋太子太傅丞崔豹写的《古今注·鱼虫》（此书是一部对古代和当时各类事物进行解说诠释的著作）

《古今注》书影

一书中说道："虾蟆子，曰蝌蚪，一曰元针，一曰元鱼。"文中的"虾蟆"即是平时所说的青蛙，而"虾蟆子"就是青蛙的幼虫——蝌蚪，"针"与"鱼"应是指长条形的形状描述。因为蝌蚪的形状为长条形，而且皮肤也为黑（玄）色，况且生活于水中，又是常见之物，因此，被用来作当时指南针雏形的比喻是完全可能和合乎常理的。其实19世纪德国的汉学家葛拉堡（Klaproth）就曾经提及：欧洲人最早把指南针叫作calamita（即"蝌蚪"的意思），这与中国《古今注》中记载的情况完全类似，这是一种巧合，抑或是从中国流传出去后沿用下来的名称，还有待于进一步考证。

王丛好认为在这条史料中把玄针作为比喻物，极有可能代表了指南针的雏形，是从磁条转变成磁针的结果。在指南针的演变过程中，这是一个质的变化，可以说跨出了关键性的一步。由磁条的指南到针状的或鱼形的指南，使得无论在操作的简易度上还是灵敏度上都有一个实质性的提高，而这些操作上简易度和灵敏度的提高又有利于使操作结果的误差缩小在一个很小的范围内。这样，无论是从形状上、可操作性上，还是精确度上都更接近成型的指南针。这就表明了在《古今注》成书的年代（晋代），指南针的雏形已经产生，并为以后指南针的进一步发展奠定了一个坚实的基础，在以后的很长一段时间内，都以此种形式为主，且可能与以前的磁条形式并存。

经过他的考证和研究，王丛好相信，此条史料的真实性为研究指南针以后的发展和最终的形成确立了关键性的一步，这在指南针的发展史上占有非常重要的地位。

有意思的是，徐州有一种民间小吃"凉粉"，

徐州少华街餐馆的"蛙鱼"，
你看像不像呢？

名字就叫作"蛙鱼"。有作者就说，由其制作流程考知，"如同从凉粉上'挖'出了一条条银灰色的小'鱼'，蛙鱼便由此得名了"。但有人经考索历史文献发现"蛙鱼"一词，最晚于西汉既有，且时人确以此物为食，只是所食者乃青蛙。古人既久有食用蛙鱼的历史，民间又不知始自何时发明出一种形如蝌蚪状的凉粉食品。于是，某位智者突发联想，将这大小、形态、色泽以至滑溜溜的体感而酷似蝌蚪的食物借蛙鱼之名以命之，既形象，又生动。如果我们以此类推地联想，晋代风水先生将指南针设计成鱼形或针状有什么不可能的呢？宋代的指南鱼又有什么不可能是这种指南鱼的后代子孙呢？

《梦溪笔谈》记载了指南针的四种安装方法

《梦溪笔谈》成书于11世纪（1086~1093年），为中世纪最伟大的科学家、北宋政治家沈括（1031~1095年）所撰写，是一部笔记体裁的百科全书式著作。书名《梦溪笔谈》则是沈括晚年归退后，在润州（今镇江）卜居处"梦溪园"的园名。

《梦溪笔谈》详细记载了劳动人民在科学技术方面的卓越贡献和他自己的研究成果，反映了中国古代特别是北宋时期自然科学取得的辉煌成就。《宋史·沈括传》作者称沈括"博学善文，于天文、方志、律历、音乐、医药、卜算无所不通，皆有所论著"。英国科学史家李约瑟评价《梦溪笔谈》为"中国科学史上的坐标"。其被世人称为"中国科学史上的里程碑"。

沈括像

沈括在《梦溪笔谈》里指出了指南针的四种安装

方法：

（1）指甲法：即将指南针放于指甲上，由于指甲的光滑性，指南针可以自由转动而指南。

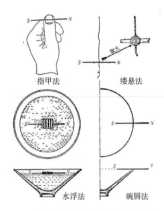

《梦溪笔谈》记载了指南针的四种安装方法

（2）碗唇法：将指南针小心地放在瓷碗的碗唇上，确保指南针的重心恰在其与碗唇接触处。

（3）水浮法：用轻质灯芯草作为磁针的载体，将指南针轻放入盛水的碗中，指南针因受液体表面张力的作用，有时会浮于水面，并慢慢地指向南方。水浮法实质上是水罗盘的前身。

（4）缕悬法：用少许蜡将单根蚕丝或棉线黏连于磁针的重心上，然后将磁针挂起。

经过试验，沈括认为这四种方法要算缕悬法最好。因为用指甲法和碗唇法磁针很容易滑落，用水浮法水也动荡不定，而缕悬法却没有这些缺点。沈括在《梦溪笔谈》中记载的这四种方法，可以说是世界上指南针使用方法的最早记录。

这四种方法有的仍然为近代罗盘和地磁测量仪器所采用。现在磁变仪、磁力仪的基本结构原理就是采用缕悬法，航空和航海使用的罗盘就多以水浮磁针作为基本装置。而沈括早在900多年前就提出了这四种方法，真不愧是一位注重实际的科学家。

沈括还有一个重要的发现。他在《梦溪笔谈》中讲到，磁针虽然朝着南方，但是指的不是正南，而略微有些偏东。这一现象在科学上叫作"磁偏角"。"磁偏角"又是怎么一回事呢？那是因为地球上的磁极和南极、北极稍许有一些偏差的缘故。所以磁针的南北线和地球的子午线是不一致的。这在科学上叫作"磁偏角"，又称为"磁差"或"偏差"。磁偏角的数值在全球各地是不相同的。在西方，直到公元1492年哥伦布横渡大西洋的时候，方才发现磁偏角，比我

《梦溪笔谈》书影

国晚了400多年。

变魔术用的指南鱼和指南龟

看过2011年央视兔年春晚的人，应该都不会忘记由著名青年魔术师傅琰东（别名：东子）表演的魔术《年年有鱼》。在这个节目中，东子指挥6条金鱼列队"齐步走""向右转""向左转"，就连主持人董卿在被"施了魔法"后，也能够自如地指挥着这6条金鱼。这些听话的金鱼，让观众啧啧称奇。

傅琰东和董卿在表演《年年有鱼》

金鱼怎么就这么听话呢？最先揭秘的文章称，魔术的秘密在于事先在这6条金鱼的肚子里放入了铁块，水盘下则装置了磁铁，演员可以通过控制磁铁的开关指挥着鱼在水中行进。但怎样把铁块放进金鱼的肚子里呢？有个聪明的网友揭秘说，金鱼不可能主动吞下金属，是人先将金鱼开膛破肚植入铁块，再将其完好无损地缝合，并保证在一段时间内的健康，这样的"外科手术"难度也实在太高了吧。东子在微博中回应说："这种想法实在是古怪，我第一次听到。鱼也不像什么猫啊、狗啊，做完那种开膛破肚的手术还有机会愈合，鱼离开水本来就是要死的，你在水里还给它开膛破肚塞进东西去，那它怎么愈合呢？"

傅琰东正在表演春晚魔术《年年有鱼》

也许真的是天外有天、山外有山，东子在电视节目上卖关子时，一位远在重庆的民间高手、退休工人老胡却语出惊人，他对重庆媒体说："《年年有鱼》魔术不够含金量，我早在30年前就已经玩过了。"56岁的老胡从小就对奇门异术感兴趣，他说1971年他在农村插队时，就经常给知青们和当地人表演"指挥鱼儿列队行走的节目"，只不过那时指挥的不是金鱼，而是不到10厘米长的小鲫鱼。老胡说，"金鱼走队列"的魔术很简单，用一块指甲大小的小铁片，用白色丝线沿背鳍捆在鱼儿肚皮上，这个位置正处于金鱼的身体重心，铁片不会影响金鱼自由活动。运用磁铁原理，鱼缸底安装一块磁铁，通过这块磁铁就可以指挥金鱼。

他说，这个魔术在表演时要注意很多细节，如鱼缸的水不能太多，否则鱼儿上浮后，可能摆脱磁铁的吸力范围；鱼缸底部应采用稍微薄一些的玻璃，也是为了不影响磁铁的效果；捆绑的丝线可用鱼线等透明丝线，不容易穿帮。老胡认为，傅琰东的《年年有鱼》中，每条鱼都对应了一块磁铁，道具可能使用了磁力更强的电磁铁，鱼肚下的铁片也可能是做成鳞片样子直接贴在鱼肚上，保证鱼游动时动作更自然更协调，就更不容易看出破绽。

老胡用自制的道具揭开了《年年有鱼》的"魔法"——小铁片绑在金鱼的下腹部（电视镜头俯拍看不出来），通过鱼缸底部的磁铁控制金鱼的游动方向。

的确，诚如老胡所说，这种"金鱼走队列"的魔术很简单，像这种利用磁性的原理变魔术，早在1000年前民间魔术师就表演过，也曾迷惑过当时的看客。据陈元靓在《事林广记》（约成书于南宋初绍兴年间（1135~1150年））中记载，他看到当时的民间魔术师就是利用这种磁性的原理变魔术，他们的道具分别称为指南鱼和指南龟，其指南鱼与曾公亮的指南鱼完全不同。陈元靓还亲自设计了这样的两种指南针，并介绍了其制作方法。

指南鱼：将一块与拇指一般大的木块刻成鱼形，鱼腹内开一长窍，装入一小条形磁铁。然后用蜡填平鱼腹窍，以一钢针从鱼口插入鱼腹，并使它与磁铁相接触，钢针一半伸出鱼口外。将此木鱼浮入水中，以手拨转钢针，钢针会指南而静止。由于钢针受磁铁感应而被磁化，若钢针恰与条形磁铁北极相接触，此鱼口及其上钢针则指南；若与条形磁铁南极相接触，则指北。指南鱼一般作为水罗盘来使用。（"以木刻鱼子，如母指大，开腹一窍，陷好磁石一块子，郤以腊（即腊）填满，用针一半金从鱼子口中钩入，令没放水中，自然指南，以手拨转，又复如出。"）

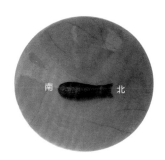

木制指南鱼

潘吉星先生解密说：做道具的磁铁宜细小，针应直，磁铁置于鱼腹中上部位，以水没过后，处于半沉半浮状态。以手触外露的针，则鱼自行转动，在南北方向停止。再拨动，又转动如初。注意针不可过多外露，魔术师以手拨针的动作不能让观众看到，才给人以木鱼能自行转动的错觉，不知其中藏有磁石之故。

指南龟：将一块与拇指一般大的木块刻成龟形，龟腹内装入一小长条磁铁，钢针从龟尾插入与磁铁相接触。龟腹挖一小圆凹形，以便用竹钉支撑龟体。指南龟可说是近代枢轴支撑的旱罗盘的始祖。（"以木刻龟子一个，一如前法制造，但于尾边敲针入去，用小板子上安以竹钉子，如箸尾大，龟腹下微陷一穴，安钉子上拨转常指北，须是钉尾后。"）

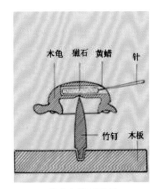

指南龟装置原理

这两个戏法都是在让死物能动，而不是向观众演示如何指南。陈元靓介绍的戏法说明，在他著书以前的宋人已十分了解旱罗盘（指南针）的使用和构造原理。如果人们不对此一无所知，魔术师也就无法以鱼或龟作障眼法变魔术了。

指南龟

元明时期的指南针

《中山传信录》里所绘的旱罗盘

元明时期，指南针的技术有了突飞猛进的发展，主要表现在指南针开始广泛地应用于航海事业，这才有了郑和下西洋的壮举。再者，指南针还与天文、地理等相结合，在实践中发挥了重要作用。

"王"字指向法

这是在元代出现的一种更为简单的指示南北的方法，以一根或者数根灯芯草之类可以漂浮的物体而取得浮力并将磁针贯穿其中而指南。20世纪50年代以来，在我国磁县、大连、丹徒等地出土的元代"王"字瓷碗中，都绘有三大点，中贯一细划，有的还在碗底背面圈足内墨书一"针"字。"王"字表示水浮磁针的形象，中贯的细划代表磁针，三大点代表浮漂。浮漂安在磁针的中部和两端，使磁针能在水面上保持平衡，也称之为"针碗"。

针碗的优点在于不容易被翻倒或打碎，因其碗底深，一般置于后舱沙堆之中，沙堆可减缓碗的移动，使碗内的水总是保持平衡，这样磁针受航行的干扰就相对减低。

王字瓷碗

青铜罗盘

大体而言，元明时期的罗盘较宋朝而言，形制没有太大的变化。不过，旱罗盘和水罗盘的地位则日益悬殊，水罗盘逐渐受到人们的青睐，并且还出现了由青铜制造的水罗盘，而旱罗盘则一度受人冷落，几乎无人问津。

1905年，我国文物博物馆学专家王振铎在北京购得的明代航海用水罗盘就是由青铜铸造的。罗盘直径长8厘米，高1.2厘米。盘面上外圈为24方位，有的字如

青铜罗盘

"巽""乾"等用简体字。内圈为八卦卦象，每个卦象含3个方位，实际上表示8个方位，每个方位间有界格。但有的航海罗盘只有24方位的一圈，罗盘盘底收敛呈茶托形，盘中央天池底部铸出一准线，标出磁针在水上放置的正确位置。

少小离家老大回

前文提到，旱罗盘因不受重视逐渐退居"二线"。然而，"墙里开花墙外香"，在中国指南针西传之后，旱罗盘在欧洲得到了大力的发展，这引起了国人的反思，不敢再忽视旱罗盘，恭恭敬敬地迎其回国，倍加爱护。归国之后，旱罗盘身价倍增，人们遂起而仿制。最初仿制的当然不能与真品相提并论，但国人很快就掌握了要领。清初以后，随着中西交流深入，中西合璧式旱罗盘便逐渐流行起来。清圣祖康熙派遣徐葆光出使琉球，为了记载此行，徐葆光写成了《中山传信录》一卷，书中谈到其所乘"封舟"（官船）和船上所用的旱罗盘。另一位进士出身的清代官员周煌于乾隆二十二年（1757年）出使琉球，著有《琉球国志略》，其中也有类似的记载。

旱罗盘"少小离家老大回"的经历不由得让人想起了元代时中国火药、火器技术西传，欧洲人加以改进后，又将佛郎机等反传到了中国。就此现象，鲁迅先生在《电的利弊》一文中提到："外国用火药制造子弹御敌，中国却用它做爆竹敬神；外国用罗盘针航海，中国却用它看风水；外国用鸦片医病，中国却拿来当饭吃。"究竟是怎样的原因使得事情呈现出如此的发展趋势，鲁迅先生没有给出答案，毕竟这不是一句"科学技术落后"能够解释的问题。

2013年5月15日，由日本冲绳县（冲绳岛最大的岛屿之一）当地政治家、大学教授、社会活动家以及市民团体成员组成的"琉球民族独立综合研究学会"宣告成立。该学会表示，将寻求冲绳独立并建立"琉球自治联邦共和国"。琉球独立不是冲绳人民的突发奇想，琉球本就是一个独立的国家。

琉球群岛上过去存在着琉球国，就在100年前这个王国还有着自己的语言。中国明朝时曾封琉球岛统治者为琉球王。

《中山传信录》里所绘的封舟到港图

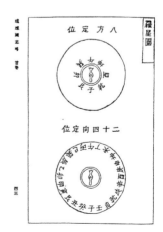

《琉球国志略》里所绘的旱罗盘

指南针理论——阴阳五行说

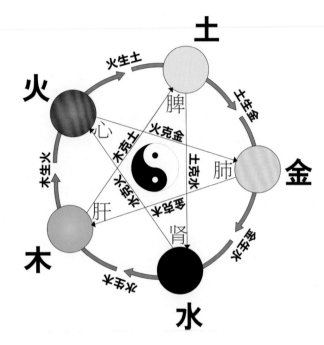

与指南针研究成果不断进步形成鲜明对比的是，中国古代的指南针理论自始至终都不曾踏进现代科学的大门。在古代朴素哲学阴阳五行说的强大"控制"下，科学家们"当局者迷"。这种状况直至明清之际，随着西学东渐的风气形成，才得到改善。可见，实践和理论的发展并不总是同步的。

阴阳五行

阴阳五行说是中国古代朴素的唯物论和自发的辩证法思想，它认为世界是物质的，物质世界在阴阳二气作用的推动下滋生、发展和变化，并认为木、火、土、金、水五种最基本的物质是构成世界不可缺少的元素。这五种物质相互滋生、相互制约，处于不断的运动变化之中。

任何事情都可以一分为二，这就是阴阳，相当于现代西方哲学之中的"矛盾"。阴阳是古人对宇宙万物两种相反相成的性质的一种抽象概括，是宇宙的对立统一，也是思维法则的哲学范畴。中国贤哲拈出"阴阳"二字来表示万物两两对应、相反相成的对立统一，即

《老子》所谓"万物负阴而抱阳"、《易传》所谓"一阴一阳之谓道"。阴阳可以互相转化，同时二者又是相互依存的，也就是说，阴与阳的每一个侧面都以另一个侧面作为自己存在的前提。没有阴，阳就不能存在；没有阳，阴也不能存在。正如没有乾，就没有坤，没有地，也就没有天一样。阴阳互相依存，互相作用。

木、火、土、金、水五种物象表达的相生相克关系就简称为五行，其基本含义是指无论是事物内部还是不同事物之间，都可归纳成一种"对我有害、对我有利及其我对其有利、我对其有害"的矛盾利害关系的基本模式，即"相生相克"。因此，水生木，木生火，火生土，土生金，金生水；水克火，火克金，金克木，木克土，土克水。

《管氏地理指蒙》

单从名字上看，《管氏地理指蒙》好像是关于地理启蒙的学问，殊不知，它是中国天地之学的经典大成。所谓天地之学，本质就是选择生气旺盛的风水宝地使天、地、人三才合一的学问。《管氏地理指蒙》是以阴阳五行为基础、八卦九星为基本元素，以寻龙择穴为目的一本书籍，它是历代堪舆家、地理学家的必读之书。作者管辂是三国时期魏国术士，是历史上著名的相师，被后世堪舆家奉为祖师。

指南针为什么能指南呢？《管氏地理指蒙》认为，磁针是铁打磨成的，铁属金，按五行相克说，金生水，而北方属水，因此北方之水是金之子。铁产生于磁石，磁石是受阳气的孕育而产生的，阳气属火，位于南方，因此南方相当于磁针之母。这样，磁针既要眷顾母亲，又要留恋子女，自然就要指示南北方向了。

很显然，这种说法的理论基础是阴阳五行说。在我

五行可不是古人信口胡说，它和人的性格甚至健康息息相关。金形之人，从体形上看较消瘦，脸形偏方，肤色较白，性格较强悍，多心急，能当机立断，但也能沉稳观察事态发展。金主肃杀，严而有威。因此，金形人多官将之材。木形之人，从体形上看如树型，身材多挺直瘦长，命中多操劳，有任劳任怨之佳行。水形之人，适合于秋冬，秋冬之季，金水相生，所以，春夏时，水形之人容易染病，而且多属腰肾，不可不防。火形之人，身体强壮，肤色偏红，脾气易暴躁，不重视钱财，变化无常，信用较差，能从全面考虑问题，但缺乏做的勇气，耐力较差。土形之人肉饱满，四肢匀称，肤色较黄，心地温和，不喜欢趋炎附势，也不弄权玩势，适合于做慈善事业。

管辂像

们现在看来，《管氏地理指蒙》中的想法真是异想天开：铁矿石与磁石不能画等号，磁石的产生与所谓的阴阳之气毫无关系。不过，我国指南针理论走上阴阳五行的道路是十分自然的事情。因为古人在一开始就是用感应说来讨论磁石吸铁的原因的，后来又用阴阳学说改进了传统的感应说。而指南针的指南又存在着"常微偏东"的现象，还需要用五行学说的相生相克的理论进行解释，这样一来，感应说与阴阳学说就有机地结合了起来。

地理坐标系统

到了宋朝，指南针的立论依据转向了地理方位的坐标系统。这里所说的坐标与数学上的意义不同，体现了古人的大地观念。

中国古人认为，地是平的，其大小是有限的，这样地表面必然有个中心，称之为地中。在地中观念下，认为南北方向是唯一的，就是过地中的那条子午线。这样，指南针的测量地点如果不在子午线上，那么指南针的指向就不会沿正南北方向。曾三异、赵友钦都是这一

天圆地方：

古人由于活动范围狭小，往往凭直觉认识世界，看到眼前的地面是平的，就以为整个大地都是平的，并且把天空看作是倒扣着的巨锅，于是有了"天圆如张盖，地方如棋局"的说法。

理论的支持者。

　　仔细推敲我们会发现，地理坐标系统漏洞百出。按照感应思想，指南针指南是天性，指针一定要指向阳气的本位。如果测量地点在地中的东南，受正南方位阳气的引导，指南针的指向应偏向西南才对，为什么会出现"常微偏东"的现象呢？由于正是以地中观念解释指南针指南的问题有不足之处，明代以后它有了新的发展。

指南技术传洋人
镀金之后回国门

　　随着指南针技术的日益成熟，很多阿拉伯人和西方人都慕名而来，不仅学习指南针的制造和应用技术，还结合本国实际情况，做了很多改进，为后来指南针技术的"回炉"准备了前提条件。中外科技的交流也促进了指南针技术的全面提高。

浸润近邻

哥俩好

朝鲜这位"小老弟"多年来一直跟随中国"老大哥""闯荡江湖"，"大哥"待他不薄，有什么好东西都与之分享，甚至把自己享誉全球的指南针都传给了他。

虽然"大哥"在宋朝时期就拥有了指南针导航的技术，但由于辽、金对宋一直虎视眈眈，"大哥"忙于内务，自顾不暇。"小老弟"（那时称作"高丽"）胆子又小，稍稍受到辽的胁迫，就断了与"大哥"的情分，实在是太不地道了。你既不仁，我何必存义？"小老弟"就没能及早学到我们的"法宝"——指南针技术。

位于平壤的朝鲜代表性建筑——朝鲜人民大学习堂

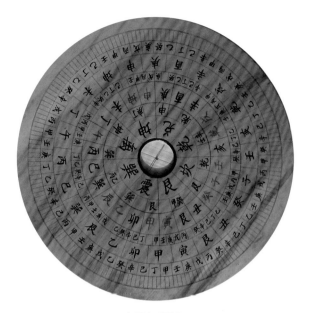

朝鲜木质罗盘

直至朝鲜王朝初期（1392~1565年），"大哥"才把手中常用的、最重要的堪舆罗盘传到"小老弟"那里。朝鲜王朝中期（1565~1738年），"小老弟"国内一个名叫许浚的御医在《东医宝鉴》中谈到磁石指南时写道："以磁磨针锋，则能指南。其法，取新纩中独缕，以半芥子许蜡缀于针腰，无风处垂之，则针常指南。以针横贯灯心，浮水上，亦指南，常偏丙位，不全南也。"

很显然，许浚的这段话完全录用自宋人寇宗奭的《本草衍义》和沈括的《梦溪笔谈》，只不过稍作引申。"大哥"念于兄弟情义，就不追究知识产权的问题了。上述引用的话的意思是：将铁制缝纫针的针尖与天然磁石摩擦后，针尖就能够指南。有两种方法可以实现这一目的，一是将新的丝絮线通过像芥子那么大的蜡黏固在针的中间腰部，在无风处以丝线将针悬起，则针在转动之后停止在南北方向上；二是将已磁

日本樱花

化的铁针横穿在灯心草茎秆上，再悬浮于有方位盘的木盘中间的圆形水槽（"天池"）内，针亦能指南。翻译成现代汉语后，我们可以很明显地看出，这两种方法就是前面我们介绍过的"悬浮法"和"漂浮式指南针"。

到了朝鲜王朝后期（1738~1910年），风水术在朝鲜也风靡一时，风水罗盘随之流行开来，朝鲜人将其称为"轮图"，将看风水的人叫作"地官"或"地相官"。由此观之，"小老弟"学东西学得挺快，创新能力却不高。所以，革命尚未成功，同志仍需努力。

让我欢喜让我忧

与"小老弟"相比，与日本的关系就"让我欢喜让我忧"了。

自中日建立外交关系以来，其中的起起伏伏、辗

《倭汉三才图会》第一卷封面

转曲折实难与外人道也。樱花不知世事，花开烂漫，但看花人的心境已不似从前了。

我们这个近邻在指南针的引进上，都是中西合璧，集东西方之所长。日本江户时代的指南针，汲取欧洲旱罗盘技术和中国指南针的精华，达到了中西方技术的融合。成书于1712年的由日本著名汉学家寺岛良安所著的《倭汉三才图会》中将磁针描写为鱼或蝌蚪，认为磁石的作用似乎像活体那样，有头有尾，头指北，而尾指南，头的力量比尾大。此外，中国人称磁针为"玄鱼"（黑色的鱼）或指南鱼，寺岛良安也作如是说。可见，此思想来源于中国。

但书中又接着说道，若将磁针打破成若干块，则每块都有头有尾，像原来一样。如以铁片喂它，它就变"胖"；饿着它，它就变"瘦"。如果在火中烧之，它就"死亡"，而不再指南。磁石还忌烟草。制磁针的工匠将磁石的头与针头摩擦，将磁石的尾与针尖摩擦，则针头指北，而针尖指南。如果将针靠近磁石，针就反转，针尖顺着磁石的头，而针头顺着磁石的尾。用这种方法就可以辨别磁石的头和尾，真是非常奇妙。这部分的思想则来自欧洲。

日本掌握了指南针以后，在江户时代既用于航海，也用于陆上定位测量，但前者似乎不及后者受重视。陆上所用的罗盘是中西合璧式的旱罗盘，盘上方位用十二天干，子午卯酉分别指北南东西，属中国罗盘传统，但将中国由八干、十二支、四卦组成的24方位简化了一半。

罗盘制式可以简化，但中日关系不能简化。作为东亚地区的两个重要国家，中日虽然岁岁年年人不同，但希望年年岁岁情常在。

江户时代是德川幕府统治日本的年代，时间由1603年创立到1867年的大政奉还，是日本封建统治的最后一个时代。1603年，德川家康被任命为征夷大将军，在江户设幕府，至第三代将军德川家光时，幕府机构大体完备。17世纪末，由于商品经济发展，幕藩体制出现危机，财政困难，农民起义频繁。为应付危机，幕府在18世纪中叶至19世纪40年代实行改革，但并未奏效。1854年日本开国后，民族危机又加剧了封建制危机。萨摩、长州等西南强藩，在改革派下级武士推动下，逐渐采取与幕府不同的政策，殖民兴业，抵抗外敌。在幕末农民起义和萨长等西南强藩为中心的倒幕运动压力下，第十五代将军德川庆喜于1867年末被迫宣布奉还大政。1867年12月9日，倒幕派发动王政复古政变，宣布废除幕府制度。新成立的明治天皇政府经1868～1869年的戊辰战争，彻底打倒幕府势力。至此，日本的封建幕府政治结束。

泽被远邦

远，是相对于近而言的。相较于朝鲜和日本，阿拉伯和欧洲当然算远。但也正因为遥远，他们渴望学习新技术的愿望也更迫切吧，况且中国的这个无价之宝是那样的适用和耐用。

阿拉伯国家联盟会旗

"中介公司"

用"富得流油"来形容阿拉伯国家是再恰当不过的了，上天赐予阿拉伯占世界总量1/3的石油。除了利用自然资源，阿拉伯人还很会利用区位优势，从中世纪开始，就做起了中介生意，把中国的茶叶、丝绸、香料等转手卖给欧洲，生意做的是风生水起、红红火火。

宋代中国与阿拉伯的海上贸易相当频繁，中国开往阿拉伯的大型船队不但以指南针导航，还装配火药，由火器手负责海上航行的安全。这样，指南针就从中国流传到了阿拉伯世界。

最早提到指南针的阿拉伯人是穆罕穆德·奥菲。他在1232年用波斯文写的《奇闻录》中指出，他乘船在海上旅行时，亲眼看到船长用一块凹形的鱼状铁片放在水盆中，此浮鱼头部便指向南方。这位阿拉伯船长所使用的海上导航仪器，与北宋曾公亮在《武经总要》中记载的陆上行军时用的指南鱼是一模一样的，阿拉伯人很显然是使用中国技术来制造水浮式指南针的。

从现有的阿拉伯资料来看，其航海使用的指南针基本上都是水浮式磁针，和中国传统一致。并且，文献中都强调这种仪器指南比指北重要，更使人联想起中国。因为中国人和阿拉伯人都以南为尊位，这与欧洲人正好是相反的。

可能是阿拉伯人中介工作做得太好了，以至于许多欧洲人认为指南针不是源自中国，而是由阿拉伯人发明的。一个名叫夏德的德国人，他承认是中国人较早地知道了磁极以及测定方位的方法，但却说航海上使用的罗盘针不是中国人发明的，而是阿拉伯人先从中国人那里学到了磁石的知识，然后制造出指南针并应用于航海上，最后又把他们使用的指南针传入中国。对此，我们应义正词严地告诉他："这种说法是不对的，不知道的话，我们可以教你，你这样信口胡说，小心我告你侵权哦。"

单从时间上看，我们祖先比欧洲人早400多年发明了用磁化法来制造人工磁铁，比欧洲探险家哥伦布早几百年发现了磁偏角，比英国人早几百年发现了磁屏蔽现象，比欧洲人早100多年发明了罗盘针。而且，从宋代当时中国与阿拉伯及欧洲商船的对比也可以说明指南针不可能是阿拉伯人发明的。事实上，我们祖先在指南针的知识和技术方面要远远领先于阿拉伯与欧洲。

乙方

正式开讲之前，我们先来欣赏一首小诗《圣经》：

> 我们的教皇像极星，
> 高高在上永不动，
> 水手都能看得清，
> 船只来往海中，
> 靠极星引路，
> 沿正确方向航行。
> 其他星体虽移位，
> 它却原地不动，
> 因此称为北极星。
> 水手现有奇技术，
> 取来吸铁黑磁石，

阿拉伯：

阿拉伯国家一般指以阿拉伯民族为主的国家，它们有统一的语言——阿拉伯语，有统一的文化和风俗习惯，绝大部分人信奉伊斯兰教。

与针摩擦显神通。

磁针穿在麦秆上，

置于水面浮动，

它就对准北极星。

以此导航不会错，

水手信心更坚定。

海上一片昏暗时，

不见月又不见星，

水手随即掌灯。

细看针的方位，

避免在迷途航行。

这种技术真可靠，

胜过明亮的极星，

应像教皇那样受尊敬。

　　这首诗是法国诗人居约的一首讽刺诗。居约生于法国北部塞纳滨海省的普罗文城，在巴黎东南，曾广泛旅行，去过耶路撒冷，后在法国南方定居。从审美的角度来看，它表明了12~13世纪的欧洲早期航海罗盘是中国早就用过的水罗盘。其制造方法和中国一样，将经过磁石感应的铁针横穿在植物光滑的茎秆中，再漂浮在刻有方位的罗盘中间的圆形水槽（"天池"）内，当磁针停止转动时，其两端便分别指向南北。居约描述的方法与曾公亮、沈括所说的基本一致。差异之处在于刻度方位格数有多有少，欧洲

人强调指北，中国人强调指南。北宋人将针横穿在灯心草秆上，增加针在水面上的浮力，欧洲人将针横插在麦草秆上，原理完全相同。这证明了欧洲早期罗盘是利用中国发明的技术制造出来的。

对于这一结论，当代英国科学史家沃尔夫也表示承认。他说："中国人很早就知道磁石在自由放置时有指示南北方向的特性，而直到12世纪欧洲文献中才开始提到航海罗盘这种新的导航仪器，在这以前西方显然不知道这项重要的应用。"

青出于蓝而胜于蓝

欧洲"徒弟"学会了中国"师傅"的拿手绝活后，很快便举一反三，在"老师"教学的基础中不断创新，研究出了两项新的成果：万向支架和新型磁罗盘。

万向支架是一种平衡结构，可以保持中心点稳定在水平面上而不发生剧烈的晃动，应用其原理制造的陀螺仪等在现代航空、航海中有重要作用。

16世纪，欧洲人制造出了"万向支架"的常平架。这个架子是由一个大铜圈和一个小铜圈组成的。小铜圈恰好内切于大铜圈，而且，它们之间为一个枢轴所联结。然后，再把它们一起安装在一个固定的支架上。最后，把罗盘挂在里面的小铜圈中。这样，无论船怎样在海洋中摆动，罗盘总能保持水平状态，从而在根本上解决了因船身剧烈摇晃而影响罗盘针指向的问题。

其实，"师傅"早就懂得万向支架的制造技术原理，只不过有意要考察考察这个"徒弟"，就没有教给他。据古书《西京杂记》中记载，汉晋时期，有一个名曰丁缓的巧匠制作了一个小香炉，其外壳为圆形，开有透气孔，像个多孔小球。它由内外两个金属环组成，两环用转轴连接起来，外环又通过另一转轴

卧褥香炉的外部结构

卧褥香炉的内部结构

与外架联系着。点香用的炉缸则用第三个转轴挂在内环上。这三个转轴在三维空间中相互垂直。只要转轴灵活转动，炉缸不但可以向任何方向转动，而且受到重力的作用始终下垂，不论小球如何滚动，香灰都不会洒落出来。他把这个香炉叫作"卧褥香炉"。

现代物理学知识告诉我们，采用支点悬挂的方法能使一个具有一定重量的物体不倾斜翻倒。"卧褥香炉"就是采用了这种方法，这种结构完全符合现代航空航海中使用的陀螺仪原理。这样，无论有多大风浪，船体怎样摆动，也无论在怎样复杂的气流中，都能辨认方向，确保正常工作。

新型磁罗经

十八九世纪，经过不断改革，欧洲人制成了一种新型的罗盘经和附属的防磁设备，即近代各国船舰中普遍使用的液体磁罗经。它是在特制的密封罗经体内注满液体（水和酒精混合剂或石油防冻液）；在罗经的底部设有调节液体膨胀的设备，盘下支轴上装有浮体。由于罗经体内注满了液体，可以大大减小外界震动对磁针的影响。同时，液体的浮力将浮体托起，减轻了传统旱罗盘的摩擦阻力，使指向更加准确。液体罗经的出现是欧洲传统旱罗盘与中国古代漂浮式指南针结合的产物。

俗话说："教会徒弟，饿死师傅。"欧洲这个"徒弟"突飞猛进，再加上基础牢固，所以成就很快就超过了"师傅"。就在"徒弟"运用"师傅"教授的知识在海洋世界开疆辟土、大展身手的时候，中国这位"师傅"却逐渐江河日下、日落西山了。

液体磁罗经

指南针指向的奥秘

我们的古人发明了指南针，发现了磁偏角，掌握了人工磁化的方法，设计了多种多样的指南仪器，但始终没能回答出指南针为什么能指南。第一个做出回答的不是中国人，而是英国的科学家吉尔伯特。

吉尔伯特

吉尔伯特和他的《磁铁论》

吉尔伯特是英国著名的医生和物理学家。他于1544年5月24日生在英国科尔切斯特市一个大法官家里，年轻时就读于剑桥大学圣约翰学院，攻读医学，获医学博士学位。1601年，他担任英国女王伊丽莎白一世的御医。不过，吉尔伯特在科学方面的兴趣远远超出了医学范围，他对物理、化学、天文学都有很深入的研究。

吉尔伯特用观察、实验方法科学地研究了磁与电的现象，在1600年出版了专著《磁铁论》，对指南针为什么指南做出了科学的解释。他以"微地球"天然磁石做成球状作为实验对象，提出了测定磁极的方法。他又将磁石做成棒状，将其切成两段，注意到每段仍保持原来的极性，由此推测出地球使磁石具有指极性。当铁制指针在球形天然磁石两极的磁赤道上的任何一点时，指针与磁球表面平行。指针在两极时，

《磁铁论》封面

则与磁球表面垂直。

吉尔伯特首次提出地球本身就是一大球形磁铁，指南针不指向地球的南北极，而指向地球的磁南北极。不仅如此，吉尔伯特还证明了如果将指南针悬挂起来使其做垂直运动，其指针朝下指向地球（磁倾角）。除此之外，在其著作中，吉尔伯特研究了磁针与球形磁体间的相互作用，发现磁针在球形磁体上的指向和磁针在地面上不同位置的指向相仿，还发现了球形磁体的极，提出了"磁轴""磁子午线"等概念。吉尔伯特的关于"磁"的学说对日后开普勒的思想产生了影响。

吉尔伯特的理论直至今天人们还是基本认可的。但遗憾的是，由于其思想的高瞻远瞩，当时的人们很难理解和接受。环顾四周，没有能与之对话的人，让吉尔伯特感到透心的冰凉与孤独。学术之希望寄托在他一人之身，是治学者的光荣，也是世人的悲哀。

传教士的认识

明清时期，在众多的传教士中，汤若望和南怀仁是较负盛名的两位。

传教士是指坚定地信仰宗教，并且远行向不信仰宗教的人们传播宗教的修道者。明清之际，大量传教士来华，他们带来的不只是宗教，还有西方的科学知识。这并不表明他们热情或希望中国强大，而是采取"曲线传教"的方法在传播科学的同时宣扬宗教，赢得士大夫的尊重，这样才能够在中国站稳脚跟。

汤若望和南怀仁算是上下级，汤若望去世以后，南怀仁接替钦天监正（相当于国家天文台的台长）一职。

南怀仁是比利时人，1623年10月9日出生，1641年

南怀仁像

9月29日入耶稣会，1658年来华，是清初最有影响的来华传教士之一，为近代西方科学知识在中国的传播作出了重要贡献。

对于指南针为什么指南的问题，这位传教士也有自己的思考。他认为，磁针本身具有恒定的南北取向，该取向取决于地球的南北两极。地球内部有贯穿于南北两极的脉络，这些脉络在性质上属于构成万物的四种元素之一——土，其中蕴含着南北两极之气。而铁和磁石都是由这种土组成的，当然也蕴含着同样的南北之气。在这种气的驱使下，由铁制成的磁针的指向自然会和地球保持一致了。

南怀仁的理论，其实是中国传统的感应学说的改头换面，在本质上不属于近代科学，但由于种种原因，却在中国流传了近200年，影响十分深远。

没落的天朝

当昔日的"徒弟"欧洲进入到科技和资本主义突飞猛进的黄金时期时，中国这位"师傅"却没能认清现状，依然陶醉在"天朝之国"的旧梦。

自然经济简单地讲就是自给自足的经济。它指生产是为了直接满足生产者个人或经济单位的需要，而不是为了交换的经济形式。它以家庭为主要基本生产单位，生产规模相当小。大多数情况下产品的原料采集、生产乃至消费都是为了满足劳动者自身需要，而不是为了进行资本积累并扩大再生产，只有在生产产品过剩的情况下才会将产品拿到市场上交换，"男耕女织"就是这种经济形式下特有的现象。

落后的经济形式

我国封建社会主要的经济形式是自给自足的自然经济，没有商品交换，人们有了剩余的钱财之后，不是用来扩大再生产，而是买田置地，炫耀财富，看来中国人"炫富"的特殊"爱好"是古已有之。

大量的钱财没有用来扩大生产规模或提高生产效率，从而直接制约了社会生产力的发展。虽然在这时出现了资本主义的萌芽，但在势力强大、根深蒂固的自然经济面前，始终无法得到苗壮成长。

这不能简单地归罪于古代人们没有经商头脑，不然小心吕不韦、胡雪岩这样的大商人跳起来跟你翻脸。传统中国一直奉行的是重农抑商的经济政策，从"士农工商"就可以判断出商人地位之低下。工商业长期受到压制，人们无心也无意经商，客观上导致科学发明失去了用武之地。

窒息的封建文化

明清时期，科举考试制度发展到了巅峰状态，为了巩固自己的统治，确立了八股取士的考试政策。所谓八股文，即每篇由破题、承题、起讲、入题、出题、起股、中

科举考试图

股、后股、束股、落下十个部分组成，试题出自四书，应试者必须按四书五经的代圣贤立言，依格式填写，具有很大的局限性，实用性的技术学问因此被排斥在外，出现了广大知识分子只顾埋头课本，研究怎样做好文章，却不谈科技的境况。

此外，明清之际越演越烈的"文字狱"更使得人们的境遇雪上加霜。"文字狱"是明清帝王为排除异己、维护统治、迫害知识分子的一种冤狱。皇帝和他周围的人故意从作者的诗文中摘取字句，罗织成罪，严重者会因此引来杀身之祸，甚至所有家人和亲戚都受到牵连，遭满门抄斩乃至株连九族的重罪。比如，清康熙年间，翰林院庶吉士徐骏是刑部尚书徐乾学的儿子。雍正八年（1730年），徐骏在奏章里，把"陛下"的"陛"字错写成"狴"字，立马被革职。后来又在徐骏的诗集里找出了"清风不识字，何事乱翻书""明月有情还顾我，清风无意不留人"等诗句，雍正将其照大不敬律斩立决。

残酷的"文字狱"造成人人自危的局面，文人们不敢过问政治，禁锢了思想，严重阻碍了社会的发展。

明清外交图

鸦片战争前，清政府限制和禁止对外交通、贸易的政策。限定广州一口通商，外商来华贸易须通过清政府特许的公行商人，活动限于指定范围，进口货征收高税额，出口货限制品种和数量。

闭关锁国的外交

自明朝中期以后，中国基本上是处于闭关锁国的状态，封建统治者们夜郎自大，沉醉在康乾盛世、天朝之国的美梦之中。殊不知，此时欧洲主要的帝国主义国家早已完成了工业革命，经济进入了前所未有的发展机遇期，国家实力大大增强。

直至鸦片战争的爆发，封建统治者们才幡然悔悟。意识到失去交流的通道，失去借鉴的机会，自然也就失去了科技发展的机遇。

由于上述因素的共同作用，以及教育制度的落后、思想观念的陈旧等因素的交织，造成了我国传统科技的衰落。

回归中国

徐光启像

由于科技的没落，明清时期我国在指南针理论和实践的探讨上没有取得突破性的进展。16世纪，以利玛窦为代表的一批传教士来到中国，带来了西方的先进科学技术。西方科学的传入影响到了中国指南针理论的演变。

人为误差？

徐光启，这个名字相信大家都很熟悉，他是中国明末数学家、科学家、农学家、政治家、军事家，官至礼部尚书、文渊阁大学士。其代表著作《农政全书》辑录了古代农书的许多内容，全面总结了我国古代的农业生产技术，是一部内容丰富的农业科学巨著。他也是中西文化交流的先驱之一，是上海地区最早的天主教徒，被称为"圣教三柱石"之首。这位大家也研究过指南针为什么指南的问题，只是他的答案不甚如人意。

"圣教三柱石"是谁？

圣教三柱石是指明朝时天主教耶稣会传教士利玛窦在中国传教其间所训练出的第一代基督徒里最有成就的三个人，他们是徐光启、李之藻跟杨廷筠。圣教三柱石是最早产生的称呼，以后又有中国圣教三柱石、天主教三柱石和第一代教会三柱石等说法，最后两个说法已经是现代人的用语了。

方以智像

　　徐光启当时已经发现了磁偏角在不同的地方其大小也是不同的，这是传统的指南针无法解释的。对此，徐光启认为，磁偏角的大小应该是确定的，不可能因地而异。之所以会出现这种情况，是由于术士们对指南针的制造及保管过程的不规范所致，换言之，是操作不当导致的人为误差。

　　很显然，徐光启的说法是完全错误的。他所说的磁石同居之针，是指与天然磁石放在一起进行保存的磁针。这本是古人们从经验中总结出来的保持磁针磁性的科学方法，却被他说成是错误之源。这说明，徐光启在与传教士打交道的过程中，并未接触到指南针的近代磁学理论。

地球？ 天球！

　　在传教士带来的西方科学中，最先影响到指南针理论发展的是地球学说。传统的"天圆地方"的观念在西方近代科学来势汹汹的势头下不堪一击，那么建立在地平概念基础之上的传统指南针理论便难以为继了。地球学说的日益深入逐渐引导着中国学者另辟蹊径，探索从全新的角度解释指南针指南的现象，方以智就是这批学者的典型代表。

　　方以智是明代著名哲学家、科学家，家学渊源，博采众长，主张中西合璧，儒、释、道三教归一。一生著述400余万言，但多有散佚，存世作品数十种，内容广博，文、史、哲、地、医药、物理无所不包。在指南针指南的问题上，方以智在自己的《物理小识》一书中提出："蒂极脐极定轴，子午不动，而卯酉旋转，故悬丝以蜡缀针，亦指南。"这里，（瓜）蒂、（瓜）脐是比喻天球的。所以，方以智等在这里是用天球而不是地球的旋转来解释指南针的指南原理的。

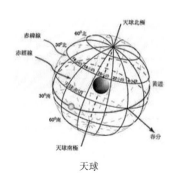

天球

不论是徐光启还是方以智，可以发现他们都不是专通一家，而是集众家之所长，样样精通。现代学科的不断细化固然促进了学科的深入研究，但也限制了人的视野和思维，不能达到马一浮先生所说的"尽知尽能"的境界，因而只能出现"专家"，不是"大家"。到最后，"专家"也未必可靠，只能沦为"砖家"，岂不可笑、可怜、可叹！

北极星下吸

明末学者熊明遇在其著作《格致草》介绍了"北极星下吸"的说法："罗经针锋指南，思之不得其故。一日阅西域书，云北辰有下吸磁石之能，以故罗经针必用磁石磨之，常与磁石同包，而后南北之指方定。""北辰"就是我们所说的北极星，这段话的意思是北极星具有吸引磁石的功能，指南针的磁针受到北极星吸引的作用，所以常常指着南北方向。从这段话中我们可以看出，此种理论认为指南针之所以指南，是由于北极星吸引的缘故。这与吉尔伯特的决定（指南针指南的因素是地球自身的理论）是截然相反的，因此，这里的"西域书"不可能介绍的是吉尔伯特的理论。

虽然在书中引用了这一理论，但熊明遇似乎并不赞同。因为他认为磁偏角是因地而异的，而按照"指南针指南的方向是唯一的"的说法，不应该有磁偏角的存在。

熊明遇引用的这种学说，对于中国人而言也是全新的。尽管熊明遇介绍的学说不够正确，但反映出了中国学者开始从磁学的角度出发去解释指南针现象的倾向，这种倾向是值得肯定的。

大海航行靠舵手
舵手要靠指南针

"雾里看花/水中望月/你能分辨这变幻莫测的世界/涛走云飞/花开花谢/你能把握这摇曳多姿的季节/借我借我一双慧眼吧/让我把这纷扰看个清清楚楚明明白白真真切切。"在没有指南针之前，水手就如同没有眼睛一般，一旦在大海上迷失方向，就如同雾里看花，很难把这大海看得清清楚楚明明白白真真切切。之所以把指南针称为"水手的眼睛"，是因为它能够帮助水手们在茫茫大海中辨识方向。因此，随着指南针的发明和应用，我国的航海事业有了巨大的发展。正因为有了指南针，才有了三宝太监下西洋的故事，才有了哥伦布发现现在的美洲的历史，甚至欧洲各国的崛起也和指南针有着密切的关系呢！

蝴蝶效应引世界变动

著名的蝴蝶效应认为：一只南美洲亚马逊河流域热带雨林中的蝴蝶，偶尔扇动几下翅膀，可以在两周以后引起美国德克萨斯州的一场龙卷风。小小指南针，却在全世界掀起了龙卷风。它不仅推动航海事业的发展，还被广泛地应用到其他各个领域。

指南针的引导

指南针引领的地理大发现不啻给欧洲处于原始资本积累的新兴资产阶级打了一剂兴奋剂。他们怀揣着自己的"西班牙梦""葡萄牙梦""英国梦"，在各国君主的支持下，纷纷漂洋过海，到非洲、美洲、亚洲寻找香料和黄金。西班牙、葡萄牙一夜之间成为"暴发户"，拥有大量的黄金、香料、珠宝和农产品，自己消费不完，便向其他国家销售。然而不久，其"暴发户"的行径暴露无遗：掠夺来的财富并没有转化成为资本用于再生产，而是供王室挥霍，王室生活极其奢靡。很快，"毛头小子"荷兰、英国和法国迎头赶上，后起之秀的英国更是打败了西班牙强大的"无敌舰队",并迅速取而代之,成为国际舞台上冉冉升起的新星。所以,历史告诉我们,千万不要轻易否定、嘲笑比你年轻的人,因为未来掌握在他们手里。

从此时开始,欧洲的通商航路和商业中心、经济中心由地中海沿岸转移到了大西洋沿岸,意大利的传统"老大"地位逐渐下降,这只"陈年的靴子"最终被世界主人抛弃了。16世纪中叶,荷兰安特卫普成为贸易中心,各国富商云集于此,具有资本主义特征的交易所建立了起来。继安特卫普之后,阿姆斯特丹、伦敦的交易所规模更为庞大,体系更为完善。

腰包鼓起来以后的资产阶级将资本投资于纺织、造船、采矿冶金、机械制造等产业,工场的规模越来越大,劳动分工越来越细,工场主们还鼓励产品创新和科学技术研究。商人们则极力将产品出口到国外,积极开展海外贸易,打开了广阔的世界市场。原本一度隔绝的世界因为几条商路的联系而成为一个有机的整体。眼界决定境界,此话不假。

价格革命

人总是梦想着哪天撞大运,一下子成为"千万富翁"。这可不一定真的就是好运哦,不信,你就接着看。

前面提到,欧洲黄金和白银的数量成倍地增加,供大于求,导致金银价格跌落,而农产品和日用必需品价格迅速上涨,货币贬值,出现伪币,投机活跃。在一个世纪里,西班牙的物价上升了大约4倍,其他欧洲国家虽然没有达到这个程度,但它们传统的经济关系也受到了严重的冲击。物价猛涨对欧洲国家的社会发展产生了深远的影响,被称为价格革命。

由于价格革命的影响,受到伤害最大的是按传统

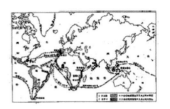

黄金白银流通图

"地理大发现":

指欧洲历史的地理大发现,又名探索时代,是西方史学对15~17世纪欧洲航海者开辟新航路和"发现"新大陆的通称。其主要为:1492年,意大利人哥伦布在指南针的引导下,四次出海远航,终于发现了美洲大陆(新大陆的发现);1498年,葡萄牙人达伽马也是在指南针的引导下,开辟了一条绕过非洲的好望角、通过印度的航线(新航路的发现);1519~1522年,葡葡牙航海家麦哲伦同样是在指南针的引导下,率领船队完成第一次环球航行。指南针的西传就像打开新世界的钥匙,使世界版图发生了翻天覆地的变化。其结果是扩大了世界市场,开始了殖民掠夺,引起西欧发生"价值革命",从而加速了欧洲的资本原始积累。指南针的诞生不仅对航海事业的发展有着巨大意义,而且对人类社会的进步也作出了重要贡献。人们从此获得了全天候航行的能力,人类终于可以在茫茫大海中自由地远航,从而迎来了地理大发现的崭新时代。"地理大发现"虽已习用,但它显然反映了以欧洲为中心的史学观点。

方式收取定额货币地租的封建地主，他们的实际收入因货币贬值而减少，陷于贫困破产；此外还有城乡的雇佣工人，由于他们处于被雇用的地位，而国家为保护雇主的利益，一再颁布限制提高工资的法令，致使工资的增长幅度赶不上物价的上涨幅度。站在国家利益的高度来看，价格革命加速了英、法等国内经济体系能够较顺利地进行资本主义改造的国家里封建制度的衰落和资本主义的兴起，促进了商品经济的发展。

成也指南针，恶也指南针

一颗玻璃珠子，换你手中的金子，你会换吗？估计你会冷笑一声，然后不客气地说："你以为我傻啊？"但是，这样的事情真实地发生在欧洲国家的殖民地。

在北美殖民地，英国商人把类似一些玻璃珠子不值钱的玩具以骇人听闻的高价卖给印第安人，骗去巨大的财富。在西印度群岛，殖民者建立大规模的种植园，使用黑人奴隶劳动，每年积累不计其数的高额利润。英国殖民者在征服孟加拉后，仅克来武（英国东印度公司的职员）一人就从孟加拉国库中盗走了价值23万英镑的金银财宝。1757~1765年，英国东印度公司从孟加拉国库中夺走价值526

英国东印度公司大楼

殖民地人民在制作烟草

万英镑的财富，英国东印度公司在印度通过垄断贸易也大发横财。与殖民相伴随的奴隶贸易，每年使奴隶商人赚到无法估计的巨额利润。

300年的殖民扩张和掠夺造成殖民地千百万人民的死亡。在美洲的殖民过程中，土著居民印第安人的部落被消灭。到1541年，仅西班牙殖民地被歼灭的印第安人就不下1500万人。在欧洲殖民强盗的掠夺下，殖民地的社会经济陷入停顿甚至倒退状态。

也许你会说："他们活该，谁让他们这么懦弱。"但是，身为万物之灵长的人类，除了利益、钱财之外，难道不应该有一些更高级的追求?!

宋朝航海罗盘

航 海罗盘

第一次

这是一艘800多年前满载货物的远洋商船，它被称为迄今为止世界上发现的海上沉船中年代最早、船体最大、保存最完整的远洋贸易商船，这艘名叫"南海Ⅰ号"的南宋古沉船，在海底"沉睡"了800多年以后，终于在2007年12月22日11时30分，在万众瞩目下成功地被打捞出水。

传统历史认为古中国是个农耕国家，但宋朝是个例外，巨大的沉船足以说明宋朝海外贸易的繁盛。也正是在宋朝，指南针与海洋第一次"相遇"了。

史籍中最早记载到指南针应用于航海的是在北宋。朱彧（yù）在其著作《萍州可谈》中详细记载了指南针应用于航海导航的情况："舟师识地理，夜则观星，昼则观日，阴晦观指南针。"意思是说水手们都熟识地理知识，夜晚的时候靠星星来识别方向，白天依靠太阳，阴天下雨的时候则用指南针来辨识。从这段话中，我们可以判断出这时候的航海还只是在日月星辰都见不到的日子里才会使用指南针。之所以会如此，是因为我们祖先已经有了1000多年的靠日月星辰来定位方向的经验，指南针初次在航海中使用，人们都还很不习惯。指南针的"舞台首秀"尽管没有取得空前的影响，但至少已经勇敢地"秀"出了自己，并得到了业内人士的认可，成功只不过是时间问题。

俞伯牙遇上钟子期，才能奏出《高山流水》的美妙旋律；管仲遇上鲍叔牙，才能不计前嫌、共辅齐王；周文王遇上姜子牙，才能成就千秋功业……而指南针遇上了海洋，才能尽其所能，千古留名。

《梦梁录》：

杭州素以风景秀丽闻名于世，曾作为南宋的首都而非常繁华。作于元初的《梦梁录》描写了南宋都城临安城市景观和市情风物，是研究宋史的宝贵资料。它对于南宋首都临安府的城市景观、地理环境、里巷风俗、朝廷典祀作了翔实的记载，其中一些文化史和城市地理方面的资料更可以弥补正史、地方志之不足，使后人得以了解南宋杭州的繁华景象。

"好基友"

初次相遇，指南针与海洋性情相投，很快成为了"好基友"。

随着人们对指南针的熟悉，对它的依赖也越来越大，甚至派专人掌管指南针。南宋人吴自牧在他的著作《梦梁录》中说："风雨冥晦时，惟凭针盘而行，乃火长掌之，毫厘不敢差误，盖一舟人命所系也。"（在海上航行，碰到阴天下雨，全靠指南针来辨别方向，指南针由火长（船长）掌管，丝毫不敢有差错，因为一船人的性命都系在指南针上。）由此可知，指南针俨然已经从当年的"跑龙套"成长为有专属"经纪人"的国内"一线明星"，吸引了老老少少的眼光，引无数英雄竞折腰。

打仗亲兄弟

"打仗亲兄弟，上阵父子兵"，指南针和好基友——海洋"手拉手"，在航海事业中大展身手。

话说此时已到了元代，指南针一跃成为海上最重要的指航仪器。尤论是晴空万里，还是风雨大作，人们都相信它、依赖它，靠它辨别方向，还为其"量体裁衣"：专门编制出罗盘针路，航行到什么地方、采用什么针位、一路航线都标示得明明白白。

现存最早记有罗盘针位的著作是元代周达观的《真腊风土记》。在航海中，把指南针许多针位点联结起来，以此标明航线，称之为针路，再以天干、地支和四卦（乾、坤、兑、艮）作为罗盘上编排的航路方向，这样，海上航行就能更加精确地确定航向，把握航线。总之，历经两朝的指南针更加"成熟"，面对突发状况时更加"沉着冷静"，判断更加准确，成为海上航行的必备工具。

真腊，即是今天的柬埔寨。在10~13世纪之真腊，正值文明最灿烂的时代，称为"安哥时代"。但及后沦为暹罗国土，真腊似乎在此时并不存在。自东汉以来，中国国势渐向南伸展，对中南半岛渐有认识。

针路，用现代的语言表达即为航线，宋代已经有针路的设计。航海中主要是用指南针引路，所以叫作"针路"。记载航海有专书，这是航海中日积月累而成。这些专书后来有叫"针经"，有叫"针谱"，也有叫"针策"的。"针路"不是指南针的路线，指南针无论何时何地总是指向南或北；"针路"其实就是航线，古时水手出海常用罗盘指引方向，从甲地到乙地的某一航线上有不同地点的航行方向，将指南针所指的这些航向串联在一起就形成了航线，并将航线绘于纸上，就是人们所说的针路，又称针经、针簿。从甲地到乙地，不同航线上的针路各有不同；同一航线上之来回往返，针路也不尽相同。可见，针路是指导人们远航成功的必要条件。

宋元朝的航海事业

在隋唐时期，指南针还未发明之前，我国虽然与日本等紧邻国家有过海上往来，但限于定位、方向辨认等因素，航海的范围受到严重影响。而指南针的出现解决了这一问题，使得我国的航海事业得到了巨大的发展。

海船的"肱骨之臣"

虽说宋朝地小国弱，连年战败，甚至国家皇帝都被金军掳了去，可仍是中国历史上经济最为发达、科技创新成果最多、人们的生活水平最高的朝代。

宋朝是当时最重要的海上贸易大国。一方面，北宋时华北大部分土地被辽侵占，而西北甘肃、宁夏等一大片土地又为西夏所占据，基本上隔绝了通往西域的陆路交通；南宋时国界更向南移，连黄河流域都不能保全了。所以，两宋时期的交通不得不更多地取道海上，这是客观形势所迫。另一方面，宋朝人民积极发挥其主观能动性，发明了海运航船的"肱骨之臣"——指南针。失之东隅，收之桑榆，在主客观相统一的条件下，宋朝开始扬帆远航了。

据《岭外代答》、《诸蕃志》等书记载就有50多个国家和地区。其中重要的有高丽（朝鲜）、日本、交趾（今越南北部）、占城（今越南中南部）、真腊（柬埔寨）、蒲甘（缅甸）、勃泥（加里曼丹北部），阇〔shé 蛇〕婆（爪哇）、三佛齐（苏

北宋疆域图

南宋航海路线图

门答腊岛的东南部）、大食、层拔（黑人国之意，在非洲中部的东海岸）等，远远超过了唐代的活动范围。据《岭外代答》记载，这些国家与中国来往最密切的是大食国，其次是阇婆国，然后是三佛齐国，最后才是其他各国。这些国家都在亚非航路沿线。由此，宋代远洋航船已能横渡印度洋，沟通了从中国直达红海和东非的西洋航线。

元朝航海"更上一层楼"

在我国长达5000年的历史大统一进程中，2/3时期是由汉族统治的，其余1/3时期包括蒙古人创立的元朝、满族人创立的清朝。所以，一部中国史，绝不是汉族一家独角戏，而是中华民族共同演出的宏伟壮丽、多姿多彩的长剧。

13世纪横扫亚欧大陆的蒙古铁骑建立了疆域辽阔、国力昌盛的元朝。元代统治者非常重视漕运的发展建设（漕运包括河运、海运、水陆联运）。虽然对开凿京杭大运河等河运倾注了很大力量，但由于运河受泥沙淤积等客观及主观条件所限，所以就运量

股，大腿；肱，胳膊由肘到肩的部分；股肱之臣，辅佐帝王的重臣，也喻为十分亲近且办事得力的人。这里是比喻指南针在海运航船中的重要作用。

《岭外代答》，宋代地理名著。周去非撰，共十卷。周去非(生卒年不详)字直夫，浙东路永嘉（今浙江温州）人。南宋孝宗淳熙（1174～1189年）初，周去非曾"试尉桂林，分教宁越"，在静江府（今广西桂林）任小官，东归后于淳熙五年撰此书。

《诸蕃志》，宋代海外地理名著，作者赵汝适（1170~1231年），南宋宗室，宋太祖赵匡胤八世孙，成书于宋理宗宝庆元年（1225年），分上、下两卷，上卷记海外诸国的风土人情，下卷记海外诸国物产资源，为研究宋代海外交通的重要文献。它记载了东自日本，西至东非索马里、北非摩洛哥及地中海东岸中世纪诸国的风土物产，并记有自中国沿海至海外各国的里程及所需日月，内容丰富而具体。

而言，海运实际上占了绝大的比例，在至元十九年（1282年）到至元三十年，开辟了三条近远海航线。

第一条航线是于至元十九年开通的。它自刘家港（江苏太仓县浏河）起航入海，向北经崇明州（今崇明县）之西，沿海岸北航，经连云港、胶州，沿山东半岛的南岸，向东北航，以达半岛最东端的成山角，由成山角转而西行，通过渤海南部向西航行，到渤海西头进入界河口（海河口），沿河可达杨村码头（天津武清县境），最后转运河达大都，全程约6600km。

至元二十九年（1292年）开辟了第二条航线。该航线也是从刘家港入海，过了长江口以北的万里长滩后，驶离近海海域，再过黑水洋即可望见沿津岛大山（山东文登县南）；再经刘家岛、芝罘岛、沙门岛（今蓬莱县西北庙岛），最后直抵海河口。相较于上一条航线，这段新开航线比较直，在深海中航行，不仅不会受到近海浅沙的影响，而且可以利用东南季风和夏季来临的黑潮暖流帮助航行，大大缩短了航行时间。

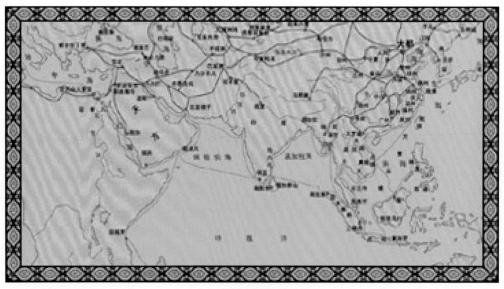

元代航海路线图

至元三十年（1293年），第三条航线"横空出世"。这条新航线从刘家港入海，至崇明州三沙放洋，东行入黑水洋，取成山转西，至刘家岛，又至登州沙门岛，于莱州大洋入界河。此航线与第二条航线相比，其南段的航路向东便进入深海，路线更直，全航程更短，加以能更多地利用黑潮暖流，顺风时只用10天左右即可到达，又大大缩短了航程。从此以后，元朝海运漕路均取此路，再无重大变化，直到今天，从上海到天津航线仍走这条线路。

总体而言，元代在宋代的基础上，航海事业更上一层楼，交通范围比以前更有扩大。古书记载元朝的海上贸易国家与地区多达145个。

中国首位航海家

提起中国首位航海家，大家的第一反应可能是郑和。其实不对，首位航海家在元朝就已经诞生了。很可惜，这位长期被埋没在中国浩瀚历史进程之中的人物始终不曾被人想起，不知是他人品太差，还是历史总爱开这样无情的玩笑。下面，我们就隆重介绍一下这位人物——来自维吾尔族的亦黑迷失。

亦黑迷失在元世祖元年（1265年）当了忽必烈的宫廷侍卫，开始了他的政治生涯。在1272年至1293年长达20年的时间里，他先后五次奉命远航东南亚各国。在1272年至1287年的前四次航行中，亦黑迷失都不辱使命，出色地完成了外交任务。但在第五次出使爪哇国（今印度尼西亚爪哇岛）失利，受到惩处。当时爪哇国发生了黥面元朝使者的事件，此事促使忽必烈决心远征印度尼西亚群岛。至元二十九年（1292年），亦黑迷失与史弼、高兴征爪哇。1293年1月，元

亦黑迷失像

元仁宗像

军三万人携一年的口粮乘海船千余只，自泉州启锚，经占城，入南海，向爪哇进发，亦黑迷失为水军统帅。10月，元军在爪哇登陆，先后征服南巫里（今苏门答腊岛中部）、速木都剌（今苏门答腊岛中部以外其他部分）、不鲁不都、八剌等岛国。因当地抵抗势力很大，远征军主帅史弼、步兵将领高兴主张撤军回国，亦黑迷失则坚持请示忽必烈，但远征军处境日渐困难，远征军被迫撤离。回国后，由于擅自撤军，史弼、高兴受到杖刑，亦黑迷失也被罚家资的三分之一入官。不过，还算他运气好，元仁宗即位后念其"屡使绝域，诏封吴国公"，不仅没继续追究其过错，反而给予了他很高的地位和荣誉。

亦黑迷失在航海、外交、军事等诸多方面都表现出卓越的智慧与才识。他的远航为人类文明史和世界航海史上写下了辉煌的一页，是130多年后郑和下西洋的先声，开阔了那个时代中国人的视野，增进了中国与南亚、东南亚人民的政治、经济和文化交流与往来，促进了中国多民族国家的融合与发展。亦黑迷失是当之无愧的"中国首位航海家"。

爪哇日惹佛教文化遗址

郑和下西洋

郑和像

> 郑和这位中国历史上最富盛名的太监，因其七下西洋的壮举而名利兼收。但倘若没有指南针的发明，这位航海家恐怕也只能望洋兴叹了吧。

文治武功的"三宝太监"

郑和原姓马，名和，字三保，出生在云南省昆阳州（今晋宁县宝山乡和代村），其家世代信奉伊斯兰教。郑和的政治崛起之路从他进入燕王府开始，而历史上著名的"靖难之役"成为其人生的转折点。

1381年，朱元璋发起统一云南的战争。在战乱中，年仅11岁的马和被明军俘虏，遭到阉割，在军中做秀童。后来，进入南京宫中，在14岁那年来到北平的燕王府。燕王朱棣把聪明伶俐的马和留下，成为亲信。朱棣不仅挑选学识丰富的官员到府中授课，而且还让他们随意阅读府中的大量藏书。天资聪颖、勤奋好学的马和很快便成了学识渊博的人。

1399年，"靖难之役"爆发，马和在战争中立下大功，为朱棣所赏识。在永乐二年（1404年）正月初一，朱棣以赐姓授职的方式表达他对有功之臣封赏与恩宠时，马和被赐姓"郑"，从此便改称为"郑和"。同时，升迁他为"内官监太监"，相当于正四品官员，史称"三保太监"。

郑和自身超乎一般的优秀素质，是朱棣选择他作为统帅代表明朝出使他国最重要的原因。首先，郑和懂

靖难之役：

"靖"指平息，扫平，清除。"靖难"代表平定祸乱，平息战乱，扫平奸臣的意思。建文元年（1399年），明太祖第四子燕王朱棣起兵反叛侄儿建文帝朱允炆，战争持续三年。由于建文帝缺乏谋略，任用主帅不当，致使主力不断被歼。朱棣以燕京（今北京）为基地，适时出击，灵活运用策略，经几次大战消灭对方主力，最后乘胜进军，于建文四年（1402年）攻下帝都应天（今江苏南京）。建文帝失踪，朱棣登上帝位，是为明成祖。

兵法，有谋略，英勇善战，具有军事指挥才能。他少年时就在明军中服役，在明军中长大，后转入燕王府侍候朱棣。成年后，经受了战火考验，跟着朱棣参加"靖难之役"，出生入死，转战南北，经历数次重大战役，具有实战经验。其次，郑和知识丰富，熟悉西洋各国的历史、地理、文化、宗教，具有卓越的外交才能。在下西洋前，他曾出使日本等，有进行外交活动经验。再次，郑和具有一定的航海、造船知识。在下西洋前，郑和进行了两次较远距离的海上航行，增加了航海知识，积累了航海经验，为下西洋远航打下了基础。最后，郑和身份特殊，熟悉伊斯兰教地区习俗。

指南针助力下西洋

这是一支由240多航船、27400名船员组成的船队，在明成祖朱棣的全力支持下，船队曾到达过苏门答腊、真腊、阿丹（今也门）、左法尔（今阿曼）等30多个国家，最远曾达非洲东岸、红海等地，其规模不可谓不大，航程不可谓不远，持续时间不可谓不长，影响不可谓不深。著名学者李约瑟博士曾评价说："明代海军在历史上可能比任何亚洲国家都出色，甚至同时代的任何欧洲国家，以致所有欧洲国家联合起来都无法与明代海军匹敌。"

到了明代，指南针的使用更加普遍和精确，并且已从以前简单的定性导航进入了定量导航的阶段，即从用指南针简单测量到用指南针具体标出具体航线的阶段。在郑和下西洋船队的每艘船上均配有指南针，用指南针标出具体航线，从而提供准确的导航指令。首先，将罗盘等分，每一等分15度叫作一向，也叫正针、单针、丹针；两正针之间也分为两部分，为一向，称缝针。每一正针和每一缝针分别代表48个方位。然后，人们根据以往航海实际记录的航向、航道的具体情况，如海水的深浅，沙滩、暗礁、水草等的位置，在罗盘上标出航向，画出具体的航海图。由于这种航海图是用指南针在罗盘上的指向来表示的，所以又称这种航海图为"针路""针经""针谱"或"针簿"。罗盘一共分有48个方向，每一个方向相当于现代罗盘的15度，共360度。

除此之外，郑和还使用土方法，一种就是前面所介绍的"悬浮式指南针"，另一种是"指两间法"。"指两间法"是一种使用指南针的新技术。因为方位的角度确定，所以两个方位之间的度数也可以取两者度数的一半。利用这种技术可以减少船体摆动对指南针的影响，及时纠正指向偏差，求出更准确的方位。通过"土洋结合"的方法，他确保了七次航海壮举的顺利完成。

"过洋牵星"

郑和七下西洋创造了世界航海史上的一个奇迹，完成了极其艰难复杂而又史无前例的航行仅仅靠测星辰和指南针是不能够完成的。于是，郑和把航海天文学与导航仪器罗盘的应用有机地结合起来，大大提高了测定航行方位的精确程度，这就是后来形成的"过

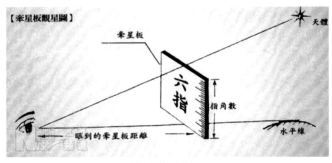

牵星板使用示意图

六分仪是用来测量远方两个目标之间夹角的光学仪器，通常用它测量某一时刻太阳或其他天体与海平线或地平线的夹角，以便迅速得知海船或飞机所在位置的经纬度。六分仪的原理是牛顿首先提出的。六分仪具有扇状外形，其组成部分包括一架小望远镜，一个半透明半反射的固定平面镜即地平镜，一个与指标相连的活动反射镜即指标镜。六分仪的刻度弧为圆周的1/6。使用时，观测者手持六分仪，转动指标镜，使在视场里同时出现的天体与海平线重合。根据指标镜的转角可以读出天体的高度角，其误差约为±1°。在航空六分仪的视场里，有代替地平线的水准器。这种六分仪一般还有读数平均机构。六分仪的优点是轻便，可以在摆动着的物体如船舶上观测，缺点是阴雨天不能使用。20世纪40年代以后，虽然出现了各种无线电定位法，但六分仪仍在广泛应用。

六分仪

洋牵星"的航海技术。

　　所谓"过洋牵星"，是指用牵星板测量所在地的星辰高度，然后计算出该处的地理纬度，以此测定船只的具体航向。牵星板是牵星术的核心，牵星板是测量星体距水平线高度的仪器，其原理相当于当今的六分仪。通过牵星板测量星体高度，可以找到船舶在海上的位置。牵星板共有大小12块正方形木板，以一条绳贯穿在木板的中心，观察者一手持板，手臂向前伸直，另一手持住绳端置于眼前。此时，眼看方板上下边缘，将下边缘与水平线取平，上边缘与被测的星体重合，然后根据所用之板的指数得出星辰高度的指数。

　　郑和船队以"过洋牵星"为依据，结果收到了"牵星为准，所实无差，保得无虞"的出奇效果。这种航海技术是郑和船队在继承中国古代天体测量方面所取得的成就的基础上，创造性地应用于航海从而形成的一种自成体系的先进航海技术，使中国当时的天文航海技术达到了相当高的水平，这一水平代表了15世纪初天文导航的世界水平。

中国航海日

自2005年起，国务院将每年的7月11日定为中国的航海日，并规定全国所有船舶鸣笛挂彩旗，纪念郑和首次下西洋之日期1405年7月11日。

中国航海日标志

600年后的这一天，对郑和下西洋的纪念达到了高潮，中华人民共和国"郑和下西洋600周年纪念大会"在北京人民大会堂隆重举行。中共中央政治局常委、国务院副总理黄菊，中共中央政治局常委李长春，中国交通部、外交部和其他部委、省市的负责人在会议上发言，郑和后裔代表、社会知名人士、专家学者、各界代表和一些国家的驻华使节、国际组织代表出席了这次会议。

由此可见，郑和下西洋的壮举在国人心目中的地位之重要，影响之深远。

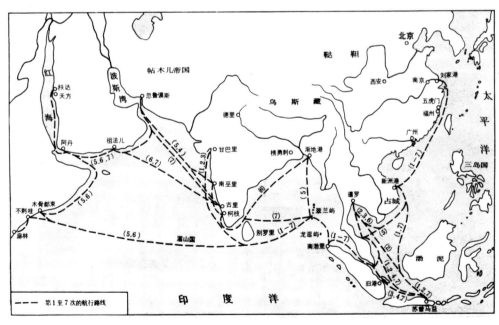

郑和下西洋路线图

航海王子——梦想的"苦行僧"

你真的热爱你的梦想吗？你愿意为它放弃豪华舒适的生活吗？你愿意为它忍受单调寂寞的生活吗？你能够为它承受无尽的批评和指责吗？如果你的答案是否定的，我们应认真地反问自己："我真的足够热爱我的梦想吗？"因为这些牺牲，真正热爱梦想的人都做到了——一个是航海王子，一个是释迦牟尼。

亨利王子像

不走寻常路

"航海王子"的全名叫作唐·阿方索·恩里克，又称亨利王子，是葡萄牙国王若奥一世的三王子。据说他诞生时的星象预示他"必将进行伟大而高贵的征伐，更为重要的是，他必将发现他人无法看到的神秘的东西"。亨利从小学习战略和战术、外交艺术、国家管理、古代和现代的知识，而且博览群书。

1415年，亨利亲任统帅突袭休达，摩尔人事先一点也不知情，结果仅用了一天时间，休达就被攻陷，葡萄牙人仅阵亡了8人，这是葡萄牙人也是欧洲人向外扩张的开端。

1417年，摩尔人的军队包围了休达，亨利又率领援兵来到休达，并在那里度过了三个月，这是改变世界历史的三个月。在这三个月里，亨利从战俘和商人口中了解到，有一条古老而繁忙的商路可以穿过撒哈拉大沙漠，经过20天就可以到达树林繁茂、土地肥沃的"绿色国家"，即今天的几内亚、冈比亚、塞内加尔、马里南部和尼日尔南部，从那里可以获得非洲胡椒、黄金、象牙。葡萄牙人没有穿越大沙漠的经验，于是，亨利王子默默地选择了适合他自己、也适合他的国家的路——海洋。

直挂云帆济沧海

自休达返国后，亨利便一心一意地投身于航海事业。他远离豪华舒适的宫廷，放弃了婚姻和家庭生活，在葡萄牙西南角荒凉的圣维森特角附近的萨格里什定居了下来，在这里创立了一所航海学校和一个天文台，培养本国水手，提高他们的航海技艺；设立观象台，网罗各国的地学家、地图绘制家、数学家和天文学家共同研究，制订计划、方案；广泛收集地理、气象、信风、海流、造船、航海等种种文献资料，加以分析、整理，为己所用；建立了旅行图书馆，其中就有《马可·波罗游记》，还收集了很多地图，并且绘制新的地图。

　　他资助数学家和手工艺人改进、制作新的航海仪器，如改进从中国传入的指南针、象限仪（一种测量高度，尤其是海拔高度的仪器）、横标仪（一种简易星盘，用来测量纬度）。当亨利王子的船队航行到比一般欧洲人更远的地方时，其部下不必用那种昂贵、复杂的四分仪，而是用一种较为简单的十字仪。这是一种便于携带的刻度尺，附有一个可以上下移动的横档，它可以通过瞄准地平线与太阳，从而测量出太阳上升的高度。

　　除了指示方向的仪器，在航海过程中，船只是最为重要的，由于地中海和大西洋的航行条件不同，在地中海中航行的船是不适合在大西洋中航行的。因此，亨利把最大的精力放在了造船上，为此他采取了许多优惠措施鼓励造船：建造100吨以上船只的人都可以从皇家森林免费得到木材，任何其他必要的材料都可以免税进口。在当时货币不足的情况下，免税进口是要付出相当大的代价的。经过努力，到1440年，亨利终于造出了适宜在大西洋上航行的船舶。它是一种多桅三角帆船，用三角帆的目的是使船舶在逆风的情况下也能行驶，只需要调整帆的角度就可以了，不像以前那么依赖风向。这种船体积小、轻便灵活、速度快，它可以在紧靠海岸的地方航行，不必为了躲避暗礁和沙洲而远离海岸。

从15世纪30年代起，亨利向当时人类的航海极限发起了挑战。他精心挑选了葡萄牙一流的探险家和英勇无畏的水手。这些忠心耿耿为他的航海事业效劳的船长和船员，遵照他周密的计划和部署，先后发现了几内亚、塞内加尔、佛得角和塞拉里昂。

未曾航海的航海家

1460年亨利王子病逝，他几乎没有离开过萨格里什，一生中只有四次短距离的海上航行经历。但他仍无愧于"航海家"的称号，是他组织和资助了最初持久而系统的探险，他将探险与殖民结合起来，使探险变成了一个有利可图的事业。他们建立起了世界上一流的船队，拥有一流的造船技术，培养了一大批世界上一流的探险家或航海家，如果没有亨利，这一切是不可能出现的。

达·伽马——欧印航线的发现者

"航海二代"

相对于"官二代""富二代"，"航海二代"显然更加符合达·伽马的身份。其父就曾受命于国王若昂二世的派遣从事过开辟通往亚洲海路的探险活动，并有心计划连起这一道海路，却在出发前逝世。于是，达·伽马继承了他的遗志。达·伽马的哥哥巴乌尔也是一名终生从事航海生涯的船长，曾随同达·伽马从事1497年的探索印度的海上活动。

十四五世纪时的西欧发展迅速，对外贸易交流也发展起来。由于《马克·波罗游记》对中国和印度的精彩描述，西方人认为东方遍地是黄金、财宝。然而原有的东西方贸易商路却被阿拉伯人控制着，为了满足自己对黄金的贪欲，欧洲的封建主、商人、航海家开始冒着生命危险远航大西洋去开辟到东方的新航路。

15世纪下半叶，野心勃勃的葡萄牙国王若昂二世妄图称霸世界，决心加快探索通往印度的海上活动。子继父业，葡萄牙王室将这一重大政治使命交给了年富力强、富有冒险精神的贵族子弟达·伽马。

最早称霸世界、呼风唤雨的国家不是美国、英国、德国等老牌工业强国，而是位于欧洲伊比利亚半岛西南尽头的小国——葡萄牙。这个不起眼的国家在十四五世纪成为整个东方世界的独一无二的统治者，其中很大一部分原因都归功于一个人——瓦斯科·达·伽马。

双重身份

一个是温柔矜持的蓝葵，一个是孤寂暴躁的红葵，《仙剑奇侠传》中双重身份的龙葵，充分地展示了人性的丰富和复杂。而同样拥有双重身份的达·伽马，则表现了历史的荣誉和罪恶。

达·伽马于1497年起航，奉葡萄牙国王曼努埃尔

达·伽马

之命，率领四艘船共计140多名水手，由首都里斯本起航，踏上了探索通往印度的航程。开始他循着10年前迪亚士发现好望角的航路，迂回曲折地驶向东方。水手们历尽千辛万苦，在足足航行了将近4个月和4500多海里之后，来到了与好望角毗邻的圣赫勒章湾，继续向前将遇到可怕的暴风袭击，水手们无意继续航行，纷纷要求返回里斯本，此时达·伽马则执意向前，宣称不找到印度他是绝不会罢休的。圣诞节前夕，达·伽马率领的船队终于闯出了惊涛骇浪的海域，绕过了好望角驶进了西印度洋的非洲海岸。继后，船队逆着强大的莫桑比克海流北上，巡回于非洲中部赞比西河河口。4月24日，船队从今肯尼亚港口马林迪起航，乘着印度洋的季风，沿着他所熟知的航线，一帆风顺地横渡了浩瀚的印度洋，于5月20日到达印度南部大商港卡利卡特。而该港口正好是半个多世纪以前我国著名航海家郑和所经过和停泊的地方。同年8月29日，达·伽马带着香料、肉桂和五六个印度人率领船队返航，途中经过马林迪，并在此建立了一座纪念碑，这座纪念碑至今还矗立着。1499年9月，达·伽马带着剩下的一半船员胜利地回到了里斯本。

　　毫无疑义，达·伽马是一位伟大的航海家，但同时，他也是穷凶极恶的欧洲早期殖民者的典型代表。1502年2月，达·伽马再度率领船队开始第二次印度探险，他背信弃义地把该国埃米尔扣押到自己的船上，威胁埃米尔臣服葡萄牙并向葡萄牙国王进贡。船队在坎纳诺尔附近海面上，达·伽马捕俘了一艘阿拉伯商船，将船上几百名乘客包括妇女儿童全部烧死。为

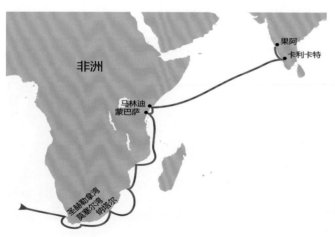

达·伽马的航海路线

了减弱和打击阿拉伯商人在印度半岛上的利益，达·伽马下令卡利卡特城统治者驱逐该地阿拉伯人。

解药 or 毒药？

　　随着达·伽马新航路的发现，葡萄牙首都里斯本很快成为西欧的海外贸易中心。葡萄牙、西班牙等国的商人、传教士、冒险家均集于此，启航去印度东方掠夺香料、珍宝、黄金。这条航道为西方殖民者的原始积累带来了巨大的经济利益。这个位于文明世界边远地区的国家，不久便甩掉贫穷落后的帽子而成为欧洲最富有的国家之一。葡萄牙人迅即在印度周围建立起一个强大的殖民帝国，印度、印度尼西亚、马达加斯加、非洲及其他地区都成为葡萄牙的殖民地。

　　达·伽马的航海使印度通过海路与欧洲文明世界相接触。欧洲人的影响和势力在印度逐步上升，却也给东方人民带来了灾难。直到19世纪下半叶，整个印度大陆都受不列颠君主统治。就印度尼西亚来说，它首先受到欧洲人的影响，随后又完全被欧洲人控制。新航路的开辟，解了欧洲崛起的燃眉之急，却也毒害了数以万计的东方人民。

位于葡萄牙的热罗尼姆斯修道院，达·伽马安葬于此

哥伦布发现新大陆

什么是天才？是一目十行、过目成诵？是少年天成，著书立说？还是解决世纪难题？哥伦布认为，那些能在别人认为的不毛之地里挖出黄金和甘泉的人被称为天才。如此看来，他就是当之无愧的天才。

苦心人，天不负

地圆说的信奉者、马可·波罗的崇拜者、梦想的实践者，这就是开始航海前的克里斯托弗·哥伦布，一个没有背景、没有关系，仅凭着对航海的狂热、热爱，在欧洲四处游说，希望实现自己航海梦的青年。他和孔子、孟子、孙中山等一样，都是知其不可而为之的英雄。

哥伦布是意大利人，自幼热爱航海冒险。他读过《马可·波罗游记》，十分向往印度和中国。当时，地圆说已经很盛行，哥伦布也深信不疑。起初，他先后向葡萄牙、西班牙、英国、法国等国国王请求资助，以实现他向西航行到达东方国家的计划，但都遭到拒绝。哥伦布为了实现自己的计划，到处游说了十几年。直到1492年，西班牙女王伊莎贝拉慧眼识英雄，她说服了国王，使哥伦布的计划得以实施。所以，谁说女子头发长、见识短，若是没有伊莎贝拉女王，美洲的发现不知道要推后几个世纪。

哥伦布

四渡大西洋

1492年8月3日，哥伦布受西班牙女王派遣，带着给印度君主和中国皇帝的国书，率领3艘百十吨左右的帆船，从西班牙巴罗斯港扬帆出大西洋，向正西方向航行。经70昼夜的艰苦航行，10月12日凌晨船队终于发现了陆地。哥伦布以为到达了印度。后来才知道，哥伦布

登上的这块土地属于现在中美洲加勒比海中的巴
哈马群岛，他当时为它命名为圣萨尔瓦。

哥伦布航海路线图

第二次航行始于1493年9月25日，他率17
艘船从西班牙加的斯港出发，目的是要到他所
谓的"亚洲大陆"——印度建立永久性殖民统
治。1494年2月，因粮食短缺等原因，大部分船
只和人员返回西班牙。他率船3艘在古巴岛和伊
斯帕尼奥拉岛以南水域继续进行探索"印度大
陆"的航行。

第三次航行是1498年5月30日开始的，他率船6艘、船员约
200人，由西班牙塞维利亚出发，其航行目的是要证实在前两次
航行中发现的诸岛之南有一块大陆（即南美洲大陆）的传说。
7月31日，船队到达南美洲北部的特立尼达岛以及委内瑞拉的帕
里亚湾。这是欧洲人首次发现南美洲。此后，哥伦布由于被控
告，于1500年10月被国王派去的使者逮捕后解送回西班牙。因
各方反对，哥伦布不久获释。

第四次航行始于1502年5月11日，他率船4艘、船员150人，
从加的斯港出发。哥伦布第三次航行的发现已经震动了葡萄牙
和西班牙，许多人认为他所到达的地方并非亚洲，而是一个欧
洲人未曾到过的"新世界"。于是，斐迪南国王和伊莎贝拉王
后命令哥伦布再次出航查明，并寻找新大陆中间通向太平洋的
水上通道。由于一艘船在同印第安人的冲突中被毁，另三艘也
先后损坏，哥伦布于1503年6月在牙买加弃船登岸，1504年11月
7日返回西班牙。

但直到1506年逝世，哥伦布一直认为他到达的是印度。后
来，一个叫亚美利家的意大利学者经过更多的考察，才知道哥
伦布到达的这些地方不是印度，而是一个不为多数欧洲人所知
的新大陆。也因为哥伦布的误解，这块本和印度没有任何联系
的岛屿被命名为"西印度群岛"，岛上的居民由此被叫作"印
第安人"。

地理大发现

哥伦布发现新大陆

哥伦布发现美洲掀起了欧洲地理大发现的狂潮。哥伦布一行开辟了从欧洲横渡大西洋到美洲并安全返回的新航路，从而把美洲和欧洲进而把新大陆和旧大陆紧密地联系起来。虽然此前旧大陆的北欧人从挪威冰岛和格陵兰岛出发，曾于10世纪末期和11世纪初期在北美洲东北部的纽芬兰岛短暂地定居过，并在北美大西洋海岸的其他地方登陆过。其中，埃里克·内耶戈对发现格陵兰岛贡献较大。格陵兰便是他取的名字，意为绿色之地。不过，北欧式的发现是偶然的、中断的、后继无人的地理发现，而不是哥伦布式的有计划的、连续的、后继如潮的地理大发现。所以，地理大发现始于1492年哥伦布发现美洲。

哥伦布的地理大发现同时引起了思想界的震动。他证实了确有传说中的"黄金时代"和处于"自然状态"中的"善良的野蛮人"，这对早期空想社会主义和后来的启蒙运动都有所影响。托马斯·莫尔和康帕内拉等思想的形成，如果没有哥伦布首航开始的地理大发现是不可思议的。关于哥伦布首次远航导致的发现美洲及其随之而来的殖民扩张和对西欧资本主义发展所起的促进作用，马克思、恩格斯已论述得很清楚。马克思在《资本论》中指出：美洲金银产地的发现，土著居民的被剿灭、被奴役和被埋藏于矿井，对东印度开始进行的征服和掠夺，非洲变成商业性的猎获黑人的场所，这一切标志着资本主义生产时代的曙光。

麦哲伦环球航行

环球航行需要多长时间？乘坐轮船需要两年半，热气球需要88天，民航客机需要24小时，现代航天飞机只需要4个小时……在没有如此先进技术支持的16世纪，麦哲伦用了3年。

一个效力于西班牙的葡萄牙人

麦哲伦，葡萄牙人，为西班牙政府效力探险。1519~1521年率领船队首次环航地球，死于菲律宾的部族冲突中。虽然他没有亲自环球，但他船上的水手在他死后继续向西航行，回到欧洲。

身为葡萄牙人，却为西班牙政府效力，并非麦哲伦不爱国，实是情势不允。

他曾向葡萄牙国王曼努埃尔申请组织船队去探险，进行一次环球航行。可是国王没有答应，因为国王认为东方贸易已经得到有效的控制，没有必要再去开辟新航道了。1517年，他离开了葡萄牙，来到了西班牙塞维利亚并又一次提出环球航行的请求。塞维利亚的要塞司令非常欣赏他的才能和勇气，答应了他的请求，并把女儿也嫁给了他。

1518年3月，西班牙国王查理五世接见了麦哲伦，

麦哲伦

麦哲伦再次提出了航海的请求，并献给了国王一个自制的精致的彩色地球仪。国王很快就答应了他。1519年9月20日，在国王的指令下，麦哲伦组织了一支5艘船组成的船队，以特里尼达号为旗舰，另外还有圣安东尼奥号、康塞普逊号、维多利亚号和圣地亚哥号，准备出航。

但是，葡萄牙国王很快知道了这一件事，他害怕麦哲伦的这一次航行会使西班牙的势力超过葡萄牙。于是，他不但派人在塞维利亚不断制造谣言，还派了一些奸细打进麦哲伦的船队，并准备伺机破坏，暗杀麦哲伦。还好麦哲伦福大命大，躲过了暗杀，但多年以后的他运气可就没有这么好了。

首次环球航行

1518年，在西班牙国王查理五世的支持下，麦哲伦率领5艘船的船队出发了，他在船上准备了35枚针，用以替换圆罗盘上失去磁性的针。有时磁性减弱的针则用船长所藏的一块宝贵的天然磁石重新磁化。

麦哲伦环球航行

麦哲伦海峡

船队在大西洋中航行了70天，11月29日到达巴西海岸。第二年1月10日，船队来到了一个无边无际的大海湾。船员们以为到了美洲的尽头，可以顺利进入新的大洋，但是经过实地调查，那只不过是一个河口，即现在乌拉圭的拉普拉塔河。1519年8月底，船队沿大西洋继续航行，准备寻找通往"南海"的海峡。经过三天的航行，在南纬52°的地方发现了一个海湾。当夜，船队遭遇一场风暴，狂飙呼啸、巨浪滔天，船只随时都会有撞上悬崖峭壁和沉没的危险，不过就在这风云突变的时刻，他们找到了一条通往"南海"的峡道，即后人所称的麦哲伦海峡。经过20多天艰苦迂回的航行，终于到达海峡的西口，走出了麦哲伦海峡，眼前顿时呈现出一片风平浪静、浩瀚无际的"南海"。由于历经100多天的航行一直没有遭遇到狂风大浪，麦哲伦便给"南海"起了个吉祥的名字，叫"太平洋"。

实际上，太平洋的日子并不太平。100多个日日

麦哲伦海峡（Strait of Magellan），南美洲大陆南端同火地岛等岛屿之间的海峡（西经71度零分，南纬54度零分）。因航海家麦哲伦于1520年首先由此通过进入太平洋，故得此名。峡湾曲折，长563千米，最窄处宽仅3000多米，是沟通南大西洋和南太平洋的通道。风大流急，航行困难。

夜夜里，船队没有吃到一点新鲜食物，只有面包干充饥，后来连面包干也吃完了，只能吃点生了虫的面包干碎屑，这种食物散发出像老鼠尿一样的臭气。船舱里的淡水也越来越浅，最后只能喝带有臭味的混浊黄水。为了活命，连盖在船桁上的牛皮也被充作食物，由于日晒、风吹、雨淋，牛皮硬得像石头一样，要放在海水里浸泡四五天，再放在炭火上烤好久才能食用。

船队就在这样的条件下继续航行，1521年3月，船队终于到达3个有居民的海岛，这些小岛是马里亚纳群岛中的一些岛屿。再往西行，来到现今的菲律宾群岛。此时，麦哲伦和他的同伴们终于首次完成横渡太平洋的壮举，证实了美洲与亚洲之间存在着一片辽阔的水域。麦哲伦首次横渡太平洋，在地理学和航海史上产生了一场革命，证明地球表面大部分地区不是陆地，而是海洋，世界各地的海洋不是相互隔离的，而是一个统一的完整水域，为后人的航海事业起到了开路先锋的作用。

客死他乡

一天，船队在棉兰老岛北面的小岛停泊下来。岛上的头人来到麦哲伦的指挥船上，把船队带到菲律宾中部的宿雾大港口。麦哲伦表示愿意与宿雾岛的首领和好，如果他们承认自己是西班牙国王的属臣，还准备向他们提供军事援助。为了使首领信服西班牙人，麦哲伦在附近进行了一次军事演习。宿雾岛的首领接受了这个建议，一星期后，他携带全家大小和数百名臣民作了洗礼，在短时期内，这个岛和附近岛上的一些居民也都接受了洗礼。

麦哲伦成了这些新基督徒的靠山。为了推行殖民主义的统治，他插手附近小岛首领之间的内讧。夜间，他带领60多人乘坐3只小船前往小岛，由于水中多礁石，船只不能靠岸，麦哲伦和船员50多人便涉水登陆。不料，反抗的岛民们早已严阵以待，麦哲伦命令火炮手和弓箭手向他们开火，可是攻不进去。接着，岛民向他们猛扑过来，船员们抵挡不住，边打边退，岛民们紧紧追赶。麦哲伦急于解围，下令烧毁这个村庄，以扰乱人心。岛民们见到自己的房子被烧，更加愤怒地追击他们。当他们得知麦哲伦是船队司令时，攻击更加猛烈，许多人奋不顾身，纷纷向他投来了标枪，有的人用大斧砍来，麦哲伦就在这场战斗中被砍死。

麦哲伦死后，他的同伴们继续航行。1522年5月20日，船队绕过非洲南端的好望角。9月6日，返抵西班牙，终于完成了历史上首次环球航行。当船队返回圣罗卡时，5艘远洋海船只剩下"维多利亚"号1艘，出发时的200多名船员也只剩下18人了。

位于菲律宾马克坦岛上的麦哲伦纪念碑

盘点定位新技术
今朝还看指南针

　　到了当今世界，科学技术发展日新月异，指南针出现了各种各样的样式，有电子指南针、军事指南针，还有在空中飞行的"指南针"。现在，我国已经建立了自己的卫星导航系统，全天候地提供卫星导航信息，为交通运输、资源勘探、气象探测等领域提供服务。

 常生活中的指南针

手机指南针

现代通讯工具的迅猛发展，使得手机走进了千家万户，并且呈现出智能化的发展趋势。现在很多手机中都自带有指南针的功能，广大开发商还研发了多种多样的指南针软件供消费者使用。其实，现代手机指南针的工作原理与上述传统指南针是一样的。传统的指南针用一根被磁化的磁针来感应地球磁场，地球磁场与磁针之间的磁力使磁针转动，直至磁针的两端分别指向地球的磁南极和磁北极。手机指南针也同样如此，不过把磁针换成了磁阻感应器，运用霍尔效应，利用洛伦兹力造成电流中电子偏向，计算电压变化，然后将感应到的电磁信息转换为数字信号输给用户使用。不过，由于自身电子设备的影响，手机指南针很容易出现偏差，这就需要校准。校准时，可站在一个开阔的地方，手机屏幕面向天空，在你的身前，拿着手机画两次8字的形状。再把手机屏幕面向你自己，画8字的形状两次。这样就可以校准手机指南针了。

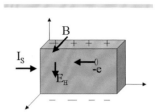

霍尔效应是电磁效应的一种，这一现象是美国物理学家霍尔（A.H.Hall，1855~1938年）于1879年在研究金属的导电机制时发现的。当电流垂直于外磁场通过导体时，在导体的垂直于磁场和电流方向的两个端面之间会出现电势差，这一现象就是霍尔效应。这个电势差也被称为霍尔电势差。迄今为止，利用霍尔原理制成的电子器件在汽车上得到了广泛使用：ABS系统中的速度传感器、汽车速度表和里程表、液体物理量检测器、各种用电负载的电流检测及工作状态诊断、发动机转速及曲轴角度传感器、各种开关，等等。

电子指南针

在电力广泛应用的今天，各种电子产品琳琅满目，指南针当然也要紧跟"时代潮流"，于是电子指南针横空出世。

电子指南针全部采用固态的元件，还可以简单地和其他电子系统接口，并且精度高、稳定性好。

电子指南针系统中磁场传感器的磁阻（MR）技术目前是最佳的技术解决方案，与现在很多电子指南针还在使用的磁通量闸门传感器相比较，MR技术不需要绕线圈而且可以用IC生产过程生产，是一个更值得使用的解决方案。由于MR有高灵敏度，它甚至比这个应用范围内的霍尔元件更好。

现代电子风水罗盘

现代电子风水罗盘也叫玄学通电子风水罗盘。它能不受周围建筑物磁场的影响，是深圳市易善缘公司经过4年的努力研发出来的革命性的罗盘产品，是在3.5英寸的手写掌上周易电脑上植入了电子风水罗盘，除了具有误差只有0.5度的准确的全自动的数字罗盘功能

现代电子风水罗盘

外，它还能结合各种门派的风水排盘软件和辅助的软件分析，自动测量，自动辅助分析风水（风水古籍测评），自动飞星，自动定坐向和门向。

日晷指南针

日晷指南针在中国很多见，通常是折叠式，可以斜竖起一块日晷。很有意思的是，在国外也出现了这种日晷指南针，不过外形上和中国的大相径庭。外国的日晷针也是折叠式，造型较为复杂，旁边有一个可以折叠的弧，上标0到60，都竖起来的时候，颇有些像我们前面介绍过的六分仪。这种既能看时间又能看空间的指南针其实还有另外的形式，如沙漏指南针。沙漏指南针两端中间内陷的部分都有指南针，同时也符合沙漏的需要，既美观又实用。

日晷

指北针

本是同根生

有人在疑惑，有指北针吗？答案是有的。一方面网上可以查出来很多制造指北针的工厂，另外还有一个说法是：指南针实际指出的方向是北面。在古时，指南针不称为指北针是由于这种"面南为尊，面北为卑"的观念，最早的司仪就是指北的。

那么何谓指北针呢？指北针是一种用于指示方向的工具，利用地球磁场作用，指示北方方位，必须配合地图寻求相对位置才能明了身处的位置，广泛应用于各种方向判读，譬如航海、野外探险、城市道路地图阅读等领域。其实通俗地讲，指北针就是指南针的变体而已，它与指南针的作用一样，磁针的北极指向地理的北极，利用这一性能可以辨别指示方向。所以，在世界一些地方，指南针也叫作指北针哦。

喜欢爬山露营的浪漫情调吗？热爱运动探险的无限乐趣吗？体验过定向越野中智力与体力的双重大比拼吗？什么？！担心迷路？害怕找不到方向？别急，指北针到也，别看它个头小小的，功用却是不可忽视的，它可以利用地球磁场作用指示北方方位，是帮助我们在探险竞技中迅速确定方位、判定方向的最佳拍档哦。

指北针种类繁多，除了登山常用的简单的指北针外，还有军用指北针。不过它比较复杂，除袖珍磁罗盘外，一般还装有距离估定器、里程测量机构、俯仰测量机构和坐标梯尺等，可用于目测估定距离、测定方位角和俯仰角，还可根据地图的比例尺，使用里程测量机构，直接从里程表上读出地图两点间的实际里程，并可利用坐标梯尺，推算出地图上任何一点的坐标，是行军、作战和军事训练常用的装具之一。

地图求给力

相信大家也看到了，指北针必须配合地图寻求相对位置才能明了身处的位置，所以呢，学会基本的地图知识是很有必要的哦。在野外生存、登山露营、定向越野中最常用到的就是等高线图了，此种地图能显示地表的各种地形，如高山、溪谷、险或缓坡、悬崖或峭壁都能表露无遗。

要看懂地图首先要了解地图上的颜色：

蓝色：任何有水的地方。

黄色：开阔地，如田野、牧场或空旷区。

黑色：任何人造物体，如小路、小径、输电线；岩石、悬崖峭壁和大石头。

白色：容易通过的森林区。

绿色：浓密、不易通过的森林，绿色越深，越难通过。

棕色：等高线和主干道及坚硬的路面。

黄绿色：私宅区域，禁人，如民宅、私家花园或草坪。

红/紫红色：南北线，上北的粗线及路线。

然后再看等高线地图的基本标示：

等高线地图就是将地表高度相同的点连成一环线直接投影到平面形成水平曲线，不同高度的环线不会相合，除非地表显示悬崖或峭壁才能使某处线条太密集出现重叠现象，若地表出现平坦开阔的山坡，曲线间之距离就相当宽。而它的基准线是以海平面的平均海潮位线为准，每张地图下方皆有制作标示说明，让使用者方便使用。主要图示有比例尺、图号、图幅接合表、图例与方位偏角度。总之，等高线越密集的地方地形越陡峭，越稀疏的地方越平坦。

比例尺是地图必须标示的符号，它是显示地表实际距离与地图显示之距离的比例相关性。例如，十万分之一的地图表示一公分，即实际距离为一公里；五万分之一的地图表示一公分，即实际距离为五百公里。对于不同程度比例的地图与实际距离的精确度而言，小比例尺的地图精确度较高。

图号是代表地图名称的编号，不同比例的地图均编订各自系统的代号，而它是以经纬度为单位制定，如此每幅地图就能紧密接合。

方位偏角度是表示正北（地球北极）、磁北（磁针显示北方）、方格北（地图指示北方）之间的关系与彼此偏差的角度，同时图下方并注有该逐年磁变数值，当我们使用指北针指示自身位置再对照地图就能很快知道自己身处何地，且知道下一步往何方向去与周围的地形变化。

图例是说明地图各种符号的意义，一般登山者较会注意的符号为三角点、崩壁、河流、湖泊与坡度。

最后，看懂了地图，你就能确定自己身处何方了，要进行接下来的活动，找到前进的正确方向，还要学会指北针的运用哦。咱们以最贴近生活的定向越野为例，来揭开它神秘的面纱吧。

Ready? Go!

Part1：认识定向越野中常用的几种指北针：

PWT 8M

Silva 6 Jet Base plate

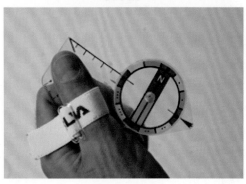

Silva NOR Spectra

Silva OMC Spectra

　　Part2：以定向越野中常用的 PWT 8M 指北针为例，来了解一下它的用法吧。记住，准则只有一条：红对红。

　　Step1——

　　"我在这——我要去那儿"

　　（在地图上确定自己的方位以及目的地）

Step2——

"红对红北"

（将指北针红色的一端与地图上红色的线
即南北线平行对齐）

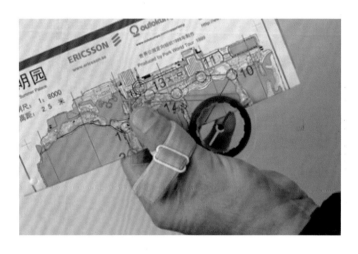

Step3——

"出发"

（指北针上蓝色箭头所指的方向就是"你夕阳下
的奔跑"所要追寻的将要"逝去的青春"的方向啦）

现在，你就可以一展雄风啦！

怎么样，有没有很心动呢？快和小伙伴组队，进行实地体验吧！

国际定向越野联合会

越野活动

军用指南针

六五式军用指南针

六五式军用指南针要由罗盘、里程计两部分构成。罗盘部分有提环、度盘座。在度盘座上画有两种刻线，外圈为360度分划制，每刻线为1度。内圈为6000（密位）分划制，圆周共刻300刻线，每刻线线值为20（密位）。内有磁针、测角器。俯仰角度的分划单位为度，每刻线为2.5度，可测量俯仰角度±60度。里程计部分主要由里程分划表、速度时间表、测轮、齿轮、指针等组成。里程分划有1：50000、1：100000两种比例尺刻度值。1：100000比例尺每刻线相应代表1km，1：50000每刻线相应代表0.5km，可与具有相应比例或成倍比例的地图配合使用。速度时间表分划为：外侧表盘上有13km/h、15km/h、17 km/h、19 km/h、21 km/h、23 km/h、25 km/h，内侧表盘上有10km/h、14km/h、16 km/h、18 km/h、20 km/h、22 km/h、24 km/h、30 km/h（以v代表），共15种速度。时间刻度中每一刻线相应代表五分钟。仪器侧面有测绘尺，两端为距离估定器。估定器两尖端长12.3mm，照准与准星间长为123mm，即为尖端长的10倍。

指南针在我国古代的军事中就已经得到应用，现代军事对于指南针的运用则更加广泛。军用指南针不仅仅可以测定方位，还能测量距离、水平高度、行军速度等。军用指南针在相应的部位涂有夜光粉，以便在夜间作业时使用

六五式军用指南针

八零式军用指南针

八零式军用指南针装有罗盘、距离估定器、里程机构、俯仰机构及坐标梯尺等。方位测量机构由软盘、方位框、瞄准器及瞄准玻璃等组成。方位分划为为60~00密位分划制，单位为 0~50密位；内圈为360分划制，单位为5分。方位指示精度为0~25密位。距离估定器由瞄准器及瞄准玻璃等组成。瞄准玻璃上刻有距离估定线及密位分划线。当壳盖与壳身之测距定位线相对准、瞄准器处于垂直位置时，距离估定线与瞄准器组成10∶1之比例测距估定器，密位分划线与瞄准器组成密位测距估定器。距离估定器的测距精度为5%。俯仰角测量机构由俯仰瞄准器、俯仰摆及锁紧机构组成。其量程为±90分、单位为5分，俯仰角精度为2.5分。里程测量机械由里程轮、里程表、里程表针及齿轮系等组成。里程表有1∶100000、1∶50000、1∶25000 三种分划，单位为公里。里程测量精度达2%。坐标梯尺由相互垂直的两组测尺组成，长尺80mm，短尺20mm，单位1mm。坐标梯尺测量精度为0.5mm。

指北针系列–80式

九七式军用指南针

九七式军用指南针是我国目前最先进的军用指南针。与前两者军用指南针相比，九七式军用指南针的磁针、油式表盘、阻尼油、荧光材料、铝合金基体全部采用的是先进的新材料，且另外增加了多功能挂钩、反字表牌等附件，功能非常强大，是世界上最优秀的军用指南针之一。

方位测量机构由罗盘、方位表牌（又称正字表牌）、反字表牌、照门与准星等组成。方位分划外圈为360度分划制，最小格值2度；内圈为60~00密位分划制，最小格值0~20密位。测量精度为±0~10密位，±1度。

距离估定器由照门与准星等组成。准星两尖端与照门中心边线的夹角为1~00密位，两尖端间长为12.34mm，照门与准星间长为123.4mm，即组成10：1比例测距估定器。测量精度为5％。

指北针系列-97式

俯仰角测量机构由俯仰表牌、俯仰摆、平视镜等组成，其量程为±90度。测量精度为±2.5度。

里程测量机构由里程表轮、里程表、里程表针及齿轮系等组成。里程表有1：100000、1：50000、1：25000三种比例尺分划，单位为公里。测量精度为1％。

坐标梯尺由相互垂直的一边长尺和两边短尺组成，长尺120mm，短尺25mm，单位为mm。测量精度为±0.5mm。

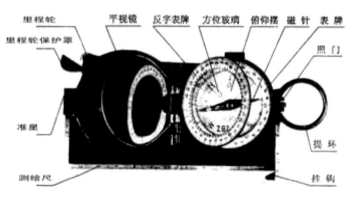

地质勘测

给我一个指南针，我将"看"透地球

古希腊数学家阿基米德曾经说过："给我一个支点，我将撬动整个地球。"这话显示了这位伟大数学家的信心，却不免有些夸张。但指南针不同，它真的可以"看"透地球。

测量岩层的走向、倾向和倾角是地质罗盘的基本任务，也是地质工作人员必须熟练掌握的技能。通过这些要素，即可判断出岩石的构造、演化历史、层级等，你说这不就是"看"透地球了吗？

地质罗盘

地质罗盘又名"袖珍经纬仪"。地质罗盘就是专为地质探测而制造的一种罗盘，是指南针的一种特殊形式，主要包括磁针、水平仪和倾斜仪。其结构上可分为底盘、外壳和上盖，主要仪器均固定在底盘上，三者用合页联结成整体。地质罗盘可用于识别方向、确定位置、测量地质体产状及草测地形图等。

庐山真面目

让我们揭开地质罗盘的神秘面纱，对它的"庐山真面目"一探究竟。

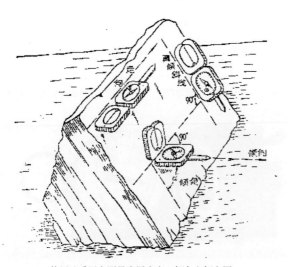

使用地质罗盘测量岩层走向、倾角和倾向图

一 、磁针

磁针一般为中间宽、两边尖的菱形钢针，安装在底盘中央的顶针上，可自由转动。在进行测量时放松固动螺丝，使磁针自由摆动，最后静止时磁针的指向就是磁针子午线方向。由于我国位于北半球，磁针两端所受磁力不等，磁针失去平衡。为了使磁针保持平衡，常在磁针南端绕上几圈铜丝，这样也便于区分磁针的南北两端。

二、水平刻度盘

水平刻度盘的刻度是采用这样的标示方式：从零度开始按逆时针方向每10度一记，连续刻至360度，0度和180度分别为N和S，90度和270度分别为E和W，利用它可以直接测得地面两点间直线的磁方位角。

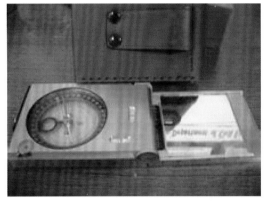

地质罗盘

三、竖直刻度盘

竖直刻度盘专用来读倾角和坡角数，以E或W位置为0度，以S或N为90度，每隔10度标记相应数字。

四、悬锥

悬锥是测斜器的重要组成部分，悬挂在磁针的轴下方，通过底盘处的觇板手可使悬锥转动，悬锥中央的尖端所指刻度即为倾角或坡角的度数。

五、水准器

水准器通常有两个，分别装在圆形玻璃管中，圆形水准器固定在底盘上，长形水准器固定在测斜仪上。

六、瞄准器

瞄准器包括接物和接目觇板，反光镜中间有细线，下部有透明小孔，使眼睛、细线、目的物三者成一线，作瞄准之用。

不过，在使用地质罗盘之前，必须进行磁偏角的校正。因为地磁的南北两极与地理上的南北两极位置不完全相符，即磁子午线与地理子午线不相重合，地球上任一点的磁北方向与该点的正北方向不一致，这两方向间的夹角叫磁偏角。

地球上某点磁针北端偏于正北方向的东边叫作东偏，偏于西边称西偏。东偏为(+)，西偏为(−)。

地球上各地的磁偏角都按期计算。若某点的磁偏角已知，则一测线的磁方位角A磁和正北方位角A的关系为：A等于A磁加减磁偏角。应用这一原理可进行磁偏角的校正，校正时可旋动罗盘的刻度螺旋，使水平刻度盘向左或向右转动（磁偏角东偏则向右，西偏则向左），使罗盘底盘南北刻度线与水平刻度盘0~180度连线间夹角等于磁偏角。经校正后测量时的读数就为真方位角。

与众不同就是我

地质罗盘不仅本领了得，而且"个性十足"，一直把"人无我有，人有我优"作为自己毕生的追求。依靠它，不仅能判断方位，还可以测量出目标物和自己相对位置。

测量时放松制动螺丝，使罗盘北端对着目的物，南端靠着自己，进行瞄准，使目的物对物觇板小孔，玻璃上的细丝对目觇板小孔等连在一直线上，同时使底盘水准器水泡居中，待磁针静止时指北针所指度数即为所测目的物之方位角，由此可判断出被测物体与测试者的相对位置。

阿波罗神庙

填"空"题

认识你自己

　　"认识你自己"是刻在德尔斐的阿波罗神庙的三句箴言之一，也是最著名的一句，相传出自古希腊大哲学家苏格拉底之口。这是一个亘古不变的命题，无论人类如何发展，社会发生怎样的变化，最难认识、最难克服的永远是"我"。《道德经》云："知人者智，自知者明。"就认识自我的命题而言，中西方的大哲学家都站在了同一条战线上。不过，对于中世纪的人来说，最迫切的不是"认识自己"，而是"认识你——地球"。

　　中世纪时，人们的地理知识还存在着很多空白。虽然天文观测由来已久，但对于自己生活的星球的了解在很长一段时间内处于很肤浅的水平上。东、西半球的人对彼此都了解甚少，其地理知识充其量只相当

　　指南针的应用最早引起航海事业的革命性发展，随后直接波及地理学和制图学。此后，学者们就开始努力填"空"，关于世界的知识不断充实。

麦卡托投影法：

麦卡托投影法又称墨卡托投影法、正轴等角圆柱投影，是一种等角的圆柱形地图投影法，是由法兰提斯出身的地理学家、地图学家杰拉杜斯·麦卡托创造出来的。用这种投影法制作出来的地图对远程的航行很有帮助，航海图大多还是用此种投影法绘制而成的。但麦卡托投影会使面积产生变形，高纬度地区南北向的纬线会放大许多，极点的比例甚至达到了无穷大，而使面积失真。我们熟悉的Google map采用的就是麦卡托投影，并且投影涵盖至南北纬85度。

麦卡托像

于地球的1／2范围，甚至1／2内的地区还是不完全认知的，现实的残酷已直逼人们的心理防线了，但也只能无奈又满怀期待地高歌一句："借我借我一双慧眼吧，让我把这世界看得清清楚楚明明白白真真切切。"看得不真切不是因为人们的眼神不好使，实在是视野有限，海洋限制了人类的活动范围，将人类永远地分离开来。

很快，"慧眼"找到了。14~15世纪，指南针的"横空出世"为人类走出海洋提供了可能。如同失明的人又能够再次重见光明一般，过去模糊混沌的世界慷慨地将自己奉献出来，未知的岛屿、陆地都一一呈现在眼前。尤其是麦哲伦的环球航行证实了地圆说，人类第一次认识到了五大洲的完整轮廓，急不可耐地想要绘制出地球的全新面貌。以往所有的地图都废弃不用，而新的地图又不得不随时改绘，知识更新的速度大大加快，地理学进入飞速发展阶段。

1533年，荷兰人弗里修斯公布三角测量法，用于测定船在航海中的位置和新发现的陆地方位。之后，他的学生麦卡托在1569年绘制出适于航海的世界地图。他将经度子午线画成等距平行线，将纬线画成和子午线垂直的平行线。纬度线之间的距离接近两极地区逐渐加宽，于是纬度弧度与经度弧度完全以同等比率加大。这大大简化了测量航道的工作，因此在麦卡托的地图上，船沿一固定罗盘航行，看上去总像一条直线，而不像别的设计那样是复杂的曲线。这种方法解决了将球形画在平面地图上的问题，从此定量制学获得长足发展。我们现在使用的地图就是在这一基础上演变的。

生命不能承受之"空"

米兰·昆德拉的《生命不能承受之轻》是20世

纪最重要的经典之作，作家对人性的透视和对社会生活的敏锐洞察使得小说处处都闪烁着智慧的光芒。传统上，我们都以为只有"重"才会让我们无法承受、无法呼吸，当我们突然看到"轻"无法承受时，怎能不疑惑？恰恰是这个"轻"揭示了生命存在的真实状态：生命中有太多事，看似轻如鸿毛，却让人难以承受，我们都被淹没在了琐碎之中。

　　"轻"既然无法承受，"空"也是无法容忍的。没有地图，或许不会对我们的生活产生妨碍，可是没有了食物，没有了药材，我们要如何维持我们的生命呢？因此，指南针引领的新航路的开辟和美洲大陆的发现与我们现在的生活息息相关。

　　之所以这么说，是因为我们现在生活中常用的西红柿、甘薯、烟草都是随着美洲新大陆的发现而引进的。此外，美洲出产的一些药草，也丰富了药物学，如美洲的金鸡纳树的树皮是治疗疟疾的良药。

星"空"？

　　说起"磁学"和"天文学"，你会想起什么？

　　我们知道，英国人吉尔伯特最早从磁学角度解释指南针为什么指南的现象。他认为，地球是一个巨大的球形磁石，并且就像磁石的磁力能通过其周围空气向外扩散一样，地球的磁效能也能扩展到周围空间。由此他推而广之，认为其他天体，特别是太阳和月球，也像地球一样有磁性。

开普勒

　　开普勒在解释行星为什么不是沿着圆形而是沿椭圆形轨道运行时，受到吉尔伯特的思想影响，以磁力概念作为解释物体相互间作用的通用思维方式，各个行星像地球一样，都是巨大的磁体。在转动过程中，磁体的轴在空间始终保持不变的方向，两个磁极交替对着太阳，太阳吸引一极，而排斥另一极。由于太阳交替吸引和排斥整个行星，使得其矢径长度发生变动，而这就决定了其运行轨道是椭圆形的。

开普勒椭圆定律

GPS

"GPS"是我们常挂在嘴边的一个词语，但是你对GPS的了解到底有多少呢？它是哪三个单词的缩写？它的"成长历程"如何？它的功用都有哪些？……现在，我就为你一一揭晓答案。

美国空军标志图案

老大哥

GPS（Global Positioning System的简称）可是卫星定位系统中的"老大哥"了，辈分最高，资质最老。不过，"老大哥"也不是凭空地从石头里蹦出来的，而是在它的"前辈"——子午仪卫星导航系统的基础上发展起来的。它采纳了子午仪系统的成功经验，属于美国第二代卫星导航系统。

GPS是军方背景出身，一般"人"惹不起。它起始于1958年美国军方的一个项目，1964年投入使用。20世纪70年代，美国陆海空三军联合为它做了"整容"手术，实现了它的华丽转身，从此新一代卫星定位系统GPS诞生了。

GPS不愧拥有军方背景，军事"技能"很是娴熟，它能够为陆海空三大领域提供实时、全天候和全球性的导航服务，并用于情报收集、核爆监测和应急通讯等一些军事目的。

GPS全球定位图

"逆成长"

最初的GPS是"人高马大"，在"父母"——美国联合计划局的"养育"下，由24颗卫星组成，并放置在互成120度的三个轨道上。每个轨道上有8颗卫星，地球上任何一点均能观测到6~9颗卫星。这样，粗码精度可达100m，精码精度为10m。后来由于"家庭"经济困难，"父母"没有余钱来给GPS提供"营养"，所以GPS迫不得已开始了"瘦身计划"，改为18

颗卫星分布在互成60度的6个轨道上。然而 "营养不足" 使得GPS的 "成绩" ——测量可靠性得不到保障。1988年， "家境" 好转了以后， "父母" 又赶紧为它改善 "生活质量"： 21颗工作星和3颗备用星工作在互成30度的6条轨道上。经过这么多曲曲折折，GPS就 "长" 成了现在这个样子。

"人不可貌相"

　　GPS虽经历了一些坎坷，不过还算是 "茁壮成长"，每一部分都很 "壮硕"。

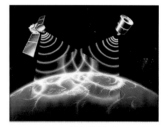

卫星接收信号图

　　"头" ——空间部分是由24颗卫星组成（21颗工作卫星，3颗备用卫星），它位于距地表20200千米的上空，均匀分布在6个轨道面上（每个轨道面4 颗），轨道倾角为55度。卫星的分布使得在全球任何地方、任何时间都可观测到4 颗以上的卫星，并能在卫星中预存导航信息。

　　"躯干" ——地面控制系统由监测站（Monitor Station）、主控制站（Master Monitor Station）、地面天线（Ground Antenna）组成，负责收集由卫星传回的讯息，并计算卫星星历、相对距离、大气校正等数据。

　　"脚" ——用户设备部分即GPS 信号接收机。其主要功能是能够捕获到按一定卫星截止角所选择的待测卫星，并跟踪这些卫星的运行。当接收机捕获到跟踪的卫星信号后，就可测量出接收天线至卫星的伪距离和距离的变化率，解调出卫星轨道参数等数据。根据这些数据，接收机中的微处理计算机就可按定位解算方法进行定位计算，计算出用户所在地理位置的经纬度、高度、速度、时间等信息。别看GPS "长" 得 "五大三粗" 的，可人们都很喜欢它，都很需要它。所以， "外貌" 之类的东西都不可靠，内涵才是最重要的。

伽利略卫星导航系统

长江后浪推前浪

伽利略卫星导航系统（Galileo Satellite Navigation System）是由美国的老牌盟友——欧盟研制和建立的全球卫星导航定位系统，该计划于1999年2月由欧洲委员会公布，由欧洲委员会和欧空局共同负责。

当时，全世界使用的导航定位系统主要是美国的GPS，欧洲人认为这并不安全。就如同打仗的时候，你空有一个枪杆子，子弹却由一个与你时敌时友、非敌非友的人保管，你的行动难免会受到掣肘，指不定他什么时候会暗地里给你使绊子，当然就不安全了。所以，为了保卫自己，建立欧洲自己控制的民用全球卫星导航系统，欧洲人决定实施伽利略计划。伽利略系统的构建计划最早在1999年欧盟委员会的一份报告中提出，经过多方论证后，于2002年3月正式启动。系统建成的最初目标是2008年，但由于技术等问题，延长到了2011年。2010年初，欧盟委员会再次宣布，伽利略系统将推迟到2014年投入运营。

虽然起步晚，但伽利略贵在努力，很快迎头赶上，并有赶超之势。与美国的GPS相比，伽利略系统更先进，也更可靠。美国GPS向别国提供的卫星信号只能发现地面大约10m长的物体，而伽利略卫星则能发现1m长的目标。形象地说，GPS系统只能找到街道，而伽利略则可找到家门。伽利略后来者居上，不知道GPS会不会真的被"拍死在沙滩上"。

> 伽利略卫星导航系统是由欧盟研制和建立的全球卫星导航定位系统，与GPS相比，伽利略系统就显得低调得多了。低调有低调的好处，不会引起"对手"的格外关注，因而就免去了许多无谓的争斗和消耗，可以潜心地修炼"内功"。

伽利略卫星导航系统标志

缓慢而不简单

　　伽利略系统进程缓慢，但工作非常精细。它由轨道高度23616km的30颗卫星组成，其中27颗工作星，3颗备份星。卫星轨道高度约24万千米，位于3个倾角为56度的轨道平面内。2012年10月，伽利略全球卫星导航系统第二批两颗卫星成功发射升空，太空中已有的4颗正式的伽利略系统卫星可以组成网络，初步发挥地面精确定位的功能。

　　伽利略全球设施部分由空间段和地面段组成。空间段的30颗卫星均匀分布在3个中高度圆形地球轨道上，每个轨道面上有1颗备用卫星。某颗工作星失效后，备份星将迅速进入工作位置，替代其工作，而失效星将被转移到高于正常轨道300km的轨道上。地面段包括全球地面控制段、全球地面任务段、全球域网、导航管理中心、地面支持设施、地面管理机构，主要由2个位于欧洲的伽利略控制中心（GCC）和29个分布于全球的伽利略传感器站（GSS）组成，另外还有分布于全球的5个S波段上行站和10个C波段上行站。

非军方色彩和为民服务

　　伽利略完全非军方控制、管理，是世界上第一个基于民用的全球卫星导航定位系统。在2008年投入运行后，全球的用户将使用多制式的接收机，获

欧洲联盟（英语：European Union；法语：Union européenne；德语：Europäische Union），简称欧盟（EU），总部设在比利时首都布鲁塞尔，是由欧洲共同体（European Community，又称欧洲共同市场，简称欧共体）发展而来的，初始成员国有6个，分别为法国、联邦德国、意大利、比利时、荷兰以及卢森堡。该联盟现拥有28个会员国，正式官方语言有24种。

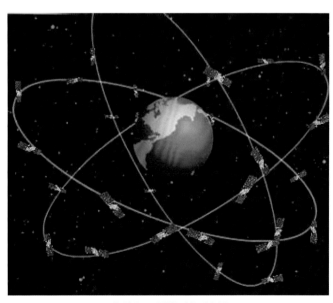

伽利略卫星导航系统示意图

得更多的导航定位卫星的信号，将无形中极大地提高导航定位的精度。另外，由于全球将出现多套全球导航定位系统，从市场的发展来看，将会出现GPS系统与伽利略系统竞争的局面，竞争会使用户得到更稳定的信号、更优质的服务。

伽利略除了进行导航、定位、授时等传统服务外，还可以提供搜索和救援、铁路安全运行调度、海上运输系统、陆地车队运输调度、精准农业等特殊服务。这样，它不仅能使人们的生活更加方便，还将为欧盟的工业和商业带来可观的经济效益。更为重要的是，欧盟将从此拥有自己的全球卫星导航系统，这有助于打破美国GPS系统的垄断地位，从而在全球高科技竞争浪潮中获取有利地位，更可为将来建设欧洲独立防务创造条件。

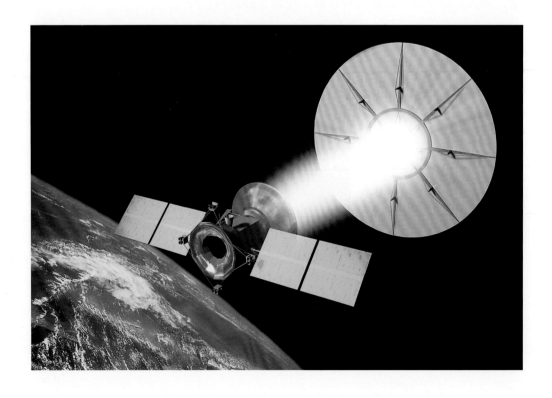

格洛纳斯

子承父业

　　GLONASS是俄语中"全球卫星导航系统GLOBAL NAVIGATION SATELLITE SYSTEM"的缩写，作用类似于美国的GPS、欧洲的伽利略卫星定位系统、中国的北斗卫星导航系统。"格洛纳斯"最早开发于苏联时期，苏联解体后，由俄罗斯继续该计划。

　　"格洛纳斯"的正式组网比GPS还早，但苏联的解体让格洛纳斯"深受重创"，正常运行卫星数量大减，甚至无法为俄罗斯本土提供全面导航服务。直至2011年1月1日，才在全球正式运行。根据俄罗斯联邦太空署信息中心提供的数据（2012年10月10日），目前有24颗卫星正常工作，3颗维修中，3颗备用，1颗测试中。

> 　　苏联这个曾经的社会主义超级大国在一夜之间分崩离析。震惊之余，留给世人的更多的是疑惑和不解。同时，还有一大批的未竟事业，格洛纳斯就是其中之一。

先天不足

　　GPS的"成长"遭遇过波折，但总体而言，"日子"过得还算滋润。"格洛纳斯"就没有那么幸运了。

　　1982~1985年，苏联发射了3颗模拟星和18颗原型卫星用作测试。由于其卫星和电子设计水平和美国有很大差距，苏联这些测试卫星的设计寿命只有

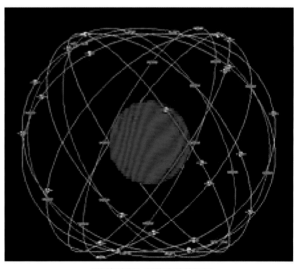

"格洛纳斯"系统全球俯视图

1年，真实的平均在轨寿命也只有14个月。格洛纳斯系统1985年开始正式建设，1985~1986年，6颗真正的格洛纳斯卫星被发射升空，这些卫星改进了授时和频率标准，增强了频率的稳定性，不过它们的寿命仍然不佳，只有大约16个月的平均寿命。此后又发射了继续改进的12颗卫星，不过一半的卫星由于发射事故损失了，这些新卫星设计寿命2年，实际平均寿命是22个月。

这种状况一直持续到了1987年，格洛纳斯系统共计发射了包括早期原型卫星在内的30颗卫星，在轨可用卫星9颗，前景开始好转。1988年开始发射的卫星是进一步改进的版本，这个版本在现在一般称为格洛纳斯卫星。这些卫星重量1400千克，采用三轴稳定技术和精密铯原子钟，设计寿命进一步提高到3年，在1988~2000年，这个版本的格洛纳斯卫星发射了54颗之多。

双项全能王

前面的GPS和"伽利略"系统，一个是军事用途，一个基于民用，都是某一固定领域内的"专家"，虽说"专业素质"过硬，但还不是"全面发展"。

相比之下，格洛纳斯称得上是"多面手"，既能满足军事用途，也能为广大百姓提供服务，是"双项全能王"。它是在军事需求的推动下发展起来的。"格洛纳斯"不仅为海军舰船、空军飞机、陆军坦克、装甲车、炮车等提供精确导航，也在精密导弹制导、C3I精密敌我态势产生、部队准确的机动和配合、武器系统的精确瞄准等方面广泛应用。另外，卫星导航在大地和海洋测绘、邮电通信、地质勘探、石油开发、地震预报、地面交通管理等各种国民经济领域有越来越多的应用。所以，"格洛纳斯"是一个基于军民两用的导航系统。

我的地盘听我的

格洛纳斯与GPS有很多不同之处，表现出了鲜明的地域特征。

卫星发射频率不同。GPS的卫星信号采用码分多址体制，每颗卫星的信号频率和调制方式相同，不同卫星的信号靠不同的伪码区分。而"格洛纳斯"采用频分多址体制，卫星靠频率不同来区分，每组频率的伪随机码相同。由于卫星发射的载波频率不同，"格洛纳斯"可以防止整个卫星导航系统同时被敌方干扰，因而，具有更强的抗干扰能力。

坐标系不同。GPS使用世界大地坐标系（WGS-84），而"格洛纳斯"使用前苏联地心坐标系（PE-90）。

时间标准不同。GPS系统时与世界协调时相关联，而"格洛纳斯"则与莫斯科标准时相关联。

中国"北斗"

介绍完了世界前三大卫星导航系统，压轴的是我国的北斗卫星导航系统。"北斗"是我国自主研发的导航系统，使我国成为继美、俄之后的世界上第三个拥有自主卫星导航系统的国家。至此，全球"四大金刚"集合完毕，共同在深邃的星空之中绽放着光芒。

北斗卫星导航系统标志

北斗卫星导航系统

北斗卫星导航系统是中国正在实施的自主研发、独立运行的全球卫星导航系统，它与美国的GPS、俄罗斯的"格洛纳斯"、欧盟的"伽利略"并称全球四大卫星导航系统。

北斗卫星导航系统的标志包含着深沉的寓意：圆形构型象征"圆满"，与太极阴阳鱼共同蕴含了我国传统文化；深蓝色太空和浅蓝色地球代表航天事业；北斗七星是人们用来辨识方位的依据，司南是我国古代发明的也是世界上最早的导航装置，两者结合既彰显了我国古代科学技术成就，又象征着卫星导航系统星地一体，同时还蕴含着我国自主卫星导航系统的名字"北斗"；网络化地球和中英文文字代表了北斗系统开放兼容、服务全球的愿景。

犹抱琵琶半遮面

白居易在诗歌《琵琶行》中用一句"犹抱琵琶半遮面"形容琵琶女受到邀请出来时抱着琵琶羞涩的神情，

诗人不愧是神笔，简单的七个字却令人遐想无限。

"北斗"和诗中受邀的歌女一样，不好意思让我们一窥全貌，遮遮掩掩地、一点点地透出自己的"美丽"。所以，我们目前只能借助其"素描画"来一览全貌了。北斗卫星导航系统由空间端、地面端和用户端三部分组成。

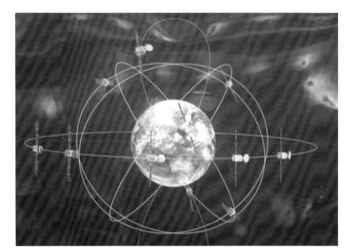

"北斗"卫星导航系统示意图

空间端包括5颗静止轨道卫星和30颗非静止轨道卫星。地面端包括主控站、注入站和监测站等若干个地面站。用户端由北斗用户终端以及与美国GPS、俄罗斯"格洛纳斯"、欧盟"伽利略"等其他卫星导航系统兼容的终端组成。

我国此前已成功发射四颗北斗导航试验卫星和16颗北斗导航卫星（其中，北斗-1A已经结束任务），将在系统组网和试验基础上逐步扩展为全球卫星导航系统。

尺有所短，寸有所长

我国的"北斗"虽"年纪轻轻"，但所谓"自古英雄出少年"：晏殊7岁中进士，甘罗12岁为宰相，周瑜13岁官拜水军都督，霍去病19岁任将军……所以我们的"北斗"完全不必妄自菲薄，辈分大不一定是能力大，还可能是脾气大。

与GPS、"伽利略"和"格洛纳斯"等老前辈相比，北斗导航终端的优势在于短信服务和导航结合，增加了通讯功能；全天候快速定位，极少的通信盲区，精度与GPS相当；向全世界提供的服务都是免费的，在提

北斗卫星发射现场

阿喀琉斯之踵：

　　阿喀琉斯是凡人泊琉斯和美貌仙女忒提斯的儿子。忒提斯为了让儿子炼成"金钟罩"，在他刚出生时就将其倒提着浸进冥河，遗憾的是，被母亲捏住的脚后跟却不慎露在水外，全身留下了唯一一处"死穴"。后来，阿喀琉斯被赫克托尔弟弟帕里斯一箭射中了脚踝而死去。后人常以"阿喀琉斯之踵"譬喻这样一个道理：即使是再强大的英雄，他也有致命的死穴或软肋。

供无源定位导航和授时等服务时，用户数量没有限制，且与GPS兼容；特别适合集团用户大范围监控与管理，以及无依托地区数据采集用户数据传输应用；独特的中心节点式定位处理和指挥型用户机设计，可同时解决"我在哪？"和"你在哪？"的问题。

　　虽说我们有很多地方已超越了"前辈们"，以实力证明了自己的卓越能力，但怎奈上天造物最忌圆满，所以才会使每位英雄都有自己的"阿喀琉斯之踵"，"北斗"也逃脱不了这样的命运。由于"北斗"的客户端在请求定位服务时必须发出应答信号，即"有源应答"，如果使用者是军方单位，就必然会使自身丧失隐蔽性，且这个定位服务要求的信号也可被敌方定位。此外，尽管每个客户端都有专用识别码，不过一旦被破解，很容易使整个系统被敌人或有心人士以伪冒信号加以饱和，使系统瘫痪或者是传送假信息，迷惑友军。所以，由于"北斗"的地面控制中心扮演着系统关键角色，如承转卫星信息、解算用户位置等，一旦地面控制中心被毁，整个系统就不能运作了，这也是"北斗"系统的致命伤。

阿喀琉斯雕像

潇洒走一回

有了北斗导航，妈妈再也不必担心你迷路的问题了。当你进入不熟悉的地方时，你可以使用装有北斗卫星导航接收芯片的手机或车载卫星导航装置找到你要走的路线。

我们的北斗卫星导航系统不仅"立志"为中国人民提供便利，而且目光远大。它提供的服务包括开放服务和授权服务两种方式。开放服务是向全球免费提供定位、测速和授时服务，定位精度10m，测速精度0.2m/s，授时精度10ns。授权服务是为有高精度、高可靠卫星导航需求的用户提供定位、测速、授时和通信服务以及系统完好性信息。除了导航精度上不逊于欧美之外，北斗卫星导航还解决了何人、何时、何地的问题，毫不夸张地说，靠"北斗"一个终端你就可以走遍天下。

所以，我们尽可以把心放进肚子里，依靠"北斗"在祖国的大好河山潇洒走一回吧！

人无远虑，必有近忧

古人云："人无远虑，必有近忧。"我们真的没有远虑和近忧了吗？虑的是什么？忧的又是什么？因为写这篇小文需要参考资料的缘故，我在网上偶然发现前两年一位有识之士发表的一篇题为《清华女卖国

RTCA授予Xingxin Gao W.E.Jackson奖

求荣 破解北斗系统拱手送给美国 北斗成功后的忧虑》，文章语言虽然有些激烈，但读后的确有些令人愤慨。

文章说：

RTCA授予Xingxin Gao W.E.Jackson奖，以表彰她攻读博士学位期间破译北斗及伽利略系统导航信号等工作。她的个人主页可以下载到她的博士论文，其中提到一家比利时公司已经利用他们提供的算法跟踪到北斗导航信号。

从理论上讲，美国成功破解他国编码程序后，就可以通过先进的电子拦截设备捕捉其导航信号，以分析外军部队调动或者武器装备的具体位置，进而通过GPS确认这些数据参数，也能在需要时对导航信号进行干扰。在最坏的情况下，破解别国的卫星导航定位编码后，美国军队指挥官将和外军指挥官一样，对外军的军事部署和装备位置信息了如指掌。这对别国未来的军事行动显然有很大影响。

北斗在北大和清华设有基站，这位清华美女以前在清华读书时就是做北斗相关的项目的，近水楼台先得月，掌握了国家的核心机密，不再继续为国效力，跑到美国深造，破译了北斗的民用密码，破译了军方密码，破译了信号发生器密码，不能不说这个人非常有能力，将我国赖以和美国抗衡作为自己镇国之宝的北斗系统导航信号密码拱手送给了一直想灭掉我们的美国，还在美国获得大奖。

清华美女功成名就，我们自己的脸让人打了。打脸是小，现在连脖子又让人卡着了，论文连信号发生器都给破解了，那真打起仗来美国人想怎么放干扰信号就怎么放，可惜我国投入了那么大的精力、那么多代科学家的心血和努力，更为可惜的是到现在我们北斗还没完全装备，还没真正民用，就是说我国投入的上百亿研究费用一分还没收回来，就完全毁了。

一位小小女子，不费吹灰之力，就破解了我国用了几十年、集数代人心血、花费上百亿研发的赖以对付美国保护国家安全的卫星导航系统，还能说中国人不聪明吗？可惜这么聪明的人才怎么不能为我国所用？为什么这么聪明的人不帮着我国破译美国的GPS密码呢？我们在气愤伤心之余，是不是要反思这个问题。

不光这位清华美女愿意效力美国，在硅谷有多少华人科学家为美国效力？国内一流大学培养的大学生毕业了找单位不是首选外企，其次才考虑国企吗？有能力有学历不都想跑国外吗？这些现象难道不引人深思吗？

致　谢

　　《红楼梦》里有一句大家耳熟能详的诗句，就是："好风频借力，送我上青云。"借用她这句诗句，我们这套丛书得以出版（上青云）凭借的"好风"是什么呢？

　　首先，第一阵"好风"是2008年8月8日晚8时第29届北京奥运会的开幕式给的。在那次特别的开幕式上，我们看到了冲天的焰火、铺张的画卷、跳跃的活字和金灿灿的司南，它们分别代表着闻名于世的中国古代的四大发明，即火药、造纸术、印刷术和指南针。现代高科技的声、光、电技术在世界人民面前强化和渲染了这一不容置疑的铁的事实，中国不仅是一个具有高度文明的历史古国，而且曾经在很长的一段时间里都一直是世界上的科学发明的大国。我国古代的四大发明是欧洲封建社会的催命符，是近代资产阶级诞生的助产妇，更是西方现代文明的启明星。我为我们聪明而智慧的祖先感到骄傲和自豪，为广大青少年读者组织编写这样一套图文并茂、讲叙故事的科普图书是我们责无旁贷的神圣职责，策划与创意的念头顿时油然而生，所以，首先我要十分感谢的是2008年北京奥运会开幕式的总导演张艺谋先生及其出色的团队。

　　其次，第二阵"好风"是河南大学出版社的领导和编辑们给的。古希腊哲学家阿基米德有句流传甚广的名言："给我一个支点，我可以撬动整个地球。"那么，我也可以这样说：给我一个出版平台，我要创造一个出版界的神话，可以组织编写一套经得起时间考验的读者喜欢的科普图书。但自打那创意的念头萌芽以来，谁愿意给你这样一个出版平台呢？如果没有一点超前的慧眼、过人的胆识和冒险的策略，在现在这样一种一没有经费的资助、二没有官商包销的严峻的出版形势下，毅然决然地敢上这套丛书，不是疯了就是傻了。所以，其次我要十分感谢河南大学出版社的领导和编辑们，他们给我们提供了这样一个大气魄的出版平台。

　　再次，第三阵"好风"是华中科技大学科学技术协会柳会祥常务副主席和鲁亚莉副主席兼秘书长给的。柳主席是一位干过科技副县长的学校中层干部，在2012年10月的一个艳阳天里，我拿着与出版社签订的合同兴冲冲地前去他的办公室找他时，他一目十行很快地就看完了，当时就给中国科学技术协会的一位领导打了个电话，马上决定支持我们一下，其干练果断的工作作风令人难忘；而鲁主席也是当过学校医院院长的学校中层干部，其后在接触的过程中，她的机智、泼辣和周密的工作作风，使人不禁联想起了先前活跃在电视荧幕上的政治明星——前国务院副总理程慕华和吴仪。此后，还多次得到这二位的大力支持和帮助，感激之情实在是难于一一言表，所以，再次我要十分感谢华中科技大学科协的柳主席和鲁主席。

再其次，第四阵"好风"应当是我们这批朝气蓬勃的90后的作者们给的。2013年有一部很火的电影《中国合伙人》，它之所以很火，是因为其中的故事既大量借鉴了新东方的三位创始人的经历，也浓缩了中国许多成功创业家像马云、王石等人的传奇事迹。提及这部电影，主要是想起我和我们学校人文学院这批90后的作者们，跟她们的关系的确是有一种亦生亦友的合作关系，年轻人的热情、拼命的性格，使我想起自己年轻时候的拼劲和干劲。"世界是你们的，也是我们的，但是归根结底是你们的。"（毛主席语录）希望他们能够"百尺竿头须进步，十方世界是全身"，今后能写出更多更好的作品来，因为他们的人生之路还很长。所以，再其次我要十分感谢我们学校这批90后的作者们，他们，除了署名副主编的以外，参与本书编写的还有刘智浪、李盼、张成龙、张贝妮、张柔嘉等同学。

最后，第五阵"好风"是曾任我们学校校长的中国科学院院士杨叔子给的。杨院士是著名机械工程专家、教育家，在担任校长期间，就倡导应在全国理工科院校中加强大学生文化素质教育，在国内外产生了强烈的反响。他已达耄耋之年，但每天都在忙碌着。一年365天，他几乎都在工作，每晚直到深夜都不愿休息，常常都要夫人敦促才去就寝。他们夫妇没有周末，没有节假日，从不逛街。所以，我们既想请他为本套丛书写序，又怕影响了他的工作和休息。那天，我怀着忐忑的心情，在柳主席的引领下到机械学院大楼杨院士的办公室去拜见他，一个熟悉而又亲切的老者，厚厚的镜片后一双睿智的眼睛。当他听说我们的来意后，便以略带着江西特色且略快的口音当即答应了下来。后来在书写我的笔名"东方暨白"中的"暨"，是"暨"还是"既"字，反复核对苏东坡的原文，一丝不苟，耳提面命，不禁令我这个文科出身的学生冷汗频出。所以，最后我要十分感谢杨院士这位德高望重的一字之师。

以上是按照事情发生的时间顺序写的，由于不想落入俗套地把它称为"后记"，故称之为"致谢"。敬请阅读者不吝赐教。

东方暨白

2014年6月

又及，本丛书中的《造纸术的历史》自被纳入"2016年度武汉市全民科学素质行动计划科普工作项目"的经费资助之后，去年，本书又被纳入"2017年度武汉市全民科学素质行动计划科普工作项目"的经费资助，为此，非常感谢武汉市科协杨副主席、科普部的原任张部长、现任王部长和陈科长、胡科长，以及企国部的宋部长等领导的关注和照顾；也非常感谢华中科技大学科协的曹锋常务副主席和鲁副主席的大力支持！